Astronomie und Chronologiekritik

Astronomie und Chronologiekritik

Der Autor

Der Geschichtsanalytiker und Sachbuchautor Mario Arndt schreibt über Dinge, die Sie nicht in traditionellen Geschichtsbüchern finden. Seine Analysen der offiziellen Geschichte decken auf, wie das Mittelalter, die Antike und die dazugehörigen Zeitrechnungen gefälscht und erfunden wurden.

Mario Arndt wurde 1963 in Rostock geboren und hat seit 2002 seinen Wohnsitz in Frankfurt am Main. Website: www.HistoryHacking.de

Seine Entdeckung der artifiziellen Strukturierung der Reihenfolge der Namen der christlichen, europäischen Herrscher des Mittelalters stellt einen entscheidenden Durchbruch in der Geschichtsanalytik dar und ist möglicherweise die Kopernikanische Wende in der Erforschung des europäischen Mittelalters.

Vom Autor sind außerdem erschienen:

Das wohlstrukturierte Mittelalter (2012), ISBN: 978-38423487762
Wer war Karl der Große wirklich? (2014), ISBN 978-3-7386-4420-3
Die wohlstrukturierte Geschichte (2015), ISBN: 978-3738645583
History Hacking (2018), ISBN: 978-3752878707
Die wohlkonstruierte Chronologie (2020), ISBN: 9783751980814

Mario Arndt

Astronomie und Chronologiekritik

© 2020 Mario Arndt (1. Auflage)

Herstellung und Verlag: Books on Demand, Norderstedt

ISBN: 9783751997935

Bibliografische Information der Deutschen Nationalbibliothek
Die Deutsche Nationalbibliothek verzeichnet diese Publikation in der
Deutschen Nationalbibliografie; detaillierte bibliografische Daten sind im
Internet über dnb.d-nb.de abrufbar.

Inhalt

"Auch für die historische Chronologie ist die Astronomie von großer Bedeutung. Die alten Geschichtsschreiber sind in ihrer Zeitrechnung so nachlässig, und außerdem ist die Anzahl der verschiedenen Zeitrechnungen bei den verschiedenen Völkern so groß, dass es nicht möglich sein würde, Licht hineinzubringen, wenn nicht zugleich manche Himmelsbegebenheiten, besonders Finsternisse, angeführt würden, nach denen wir noch jetzt zurückrechnen können, und so feste Punkte erhalten, woran sich Begebenheiten anreihen."

Carl Friedrich Gauß (1777-1855)

Chronologie und Astronomie

Einführung

Bereits der Begründer der wissenschaftlichen Chronologie Joseph Justus Scaliger (1540-1609) bediente sich der Astronomie und stand dabei mit Astronomen in Verbindung, die ihn bei den Berechnungen unterstützten, u.a. mit Johannes Kepler (1571-1630), dem Entdecker der Planetengesetze.

Diese Berechnungen dienten der Verknüpfung von astronomischen Ereignissen, in erster Linie Sonnen- und Mondfinsternisse, mit historischen Ereignissen und damit der Chronologie. Die Astronomie war und ist also ein wichtiges Gebiet für die Etablierung einer gültigen, allgemein anerkannten Chronologie.

Jedoch gab es weder in dieser Zeit noch zuvor Meinungsfreiheit oder freie Forschung (nach offizieller Geschichte nur von wenigen Ausnahmen abgesehen, was jedoch auch höchst zweifelhaft ist). Es ist daher vollkommen offen, ob die seinerzeit festgelegte, und bis heute gültige Chronologie, mit Jesus Christus am Anfang unserer Zeitrechnung, etwas mit der Realität, der tatsächlichen Vergangenheit, zu tun hat.

Abb. 1: Johannes Kepler und
Abb. 2: Joseph Justus Scaliger -
Das Dream Team der Chronologie

Sie könnte genauso gut von den damaligen Herrschern verordnet worden sein, z.B. im Sinne einer Verankerung der christlichen Religion in der Geschichte, mit Jesus Christus in der Mitte der Zeit, genauso wie sich nach damaligen Vorstellungen Jerusalem in der Mitte der Welt befand.

Ich zitiere H. Fuhrmann, den ehemaligen Präsidenten der "Monumenta Germaniae Historica" (Deutsches Institut für die Erforschung des Mittelalters):

"Wenn aber eine Lehre von Trägern der Herrschaftsgewalt verordnet wird, kann das eintreten, was wir von der geschlossenen Gesellschaft des Mittelalters und dem Totalitarismus der Neuzeit kennen: die Wahrheitsfindung wird gelenkt. Nicht die Frage der Echtheit oder

Unechtheit entscheidet über Wahrheit und Erheblichkeit einer Schrift, sondern ihre Übereinstimmung mit der Doktrin. In George Orwells Roman "1984" ist eines der nur vier Ministerien des totalitären Staatsgebildes das "Wahrheitsministerium", das über das Wissensgut wacht und die Wahrheit bestimmt."

[Fuhrmann 1988, Vorwort zu MGH Band 33.I.]

Da die Etablierung der heute gültigen Chronologie mit Hilfe der Astronomie erfolgte, kann eine Chronologiekritik ohne die angemessene Berücksichtigung der hierbei wichtigsten astronomischen Ereignisse - Sonnen- und Mondfinsternisse - nicht zu validen Ergebnissen führen.

Die Astronomie nimmt deswegen z.B. auch bei A. Fomenko einen breiten Raum ein [Fomenko 2003]. Fomenko hält einen großen Teil der überlieferten astronomischen Berichte für authentisch und nicht für spätere Berechnungen. Der gesamte Band 3 seiner "History: Fiction or Science?" ist astronomischen Themen gewidmet.

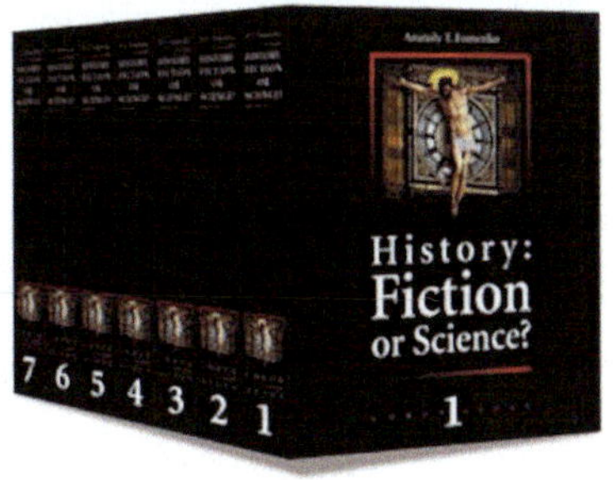

Abb. 3: Das bahnbrechende Werk "History – Fiction or Science" vom russischen Mathematiker und Geschichtsanalytiker Anatoli Fomenko

Probleme der offiziellen Datierung von Finsternis-Berichten

Diese von Scaliger gefundene Zuordnung astronomischer Ereignisse, insbesondere von Sonnen- und Mondfinsternissen, zur Zeitskala, der Chronologie, ergibt sich ausschließlich aufgrund der überlieferten (ohne Beweis für echt gehaltenen) Finsternis-Berichte, deren chronologischer Einordnung nach offizieller Geschichte und deren wissenschaftlich fragwürdiger Interpretation.

Abb. 4: Mit seinem Werk "De emendatione temporum" (1583) begründet Joseph Justus Scaliger die wissenschaftliche Chronologie

Diese Zuordnung passt zwar für einen Teil, aber längst nicht für alle überlieferten Finsternis-Berichte, da neben der Ungenauigkeit der Aufzeichnungen der Anteil an nachträglich eingefügten, zurückgerechneten und literarischen Eklipsen an den überlieferten Ereignissen unbekannt ist. Der Historiker A. Demandt bemerkt hierzu:

"Von den etwa 250 Nachrichten der antiken Literatur über Sonnen- und Mondfinsternisse sind über 200 ungenau oder falsch."
[Demandt, S. 469]

Wobei Demandt "ungenau oder falsch" sehr großzügig auslegt, denn er definiert:

"Darunter sind alle Nachrichten begriffen, die nicht eine, etwa aufs Jahr genaue, historische Datierung erlauben und mindestens einen Fehler enthalten." [Demandt, S. 469]

Er postuliert deswegen ziemlich geisteswissenschaftlich

"Verformungstendenzen in der Überlieferung antiker Sonnen- und Mondfinsternisse".

Problematisch bei der Zuordnung der offiziellen Geschichte ist, dass sie nur funktioniert, wenn man starke, willkürliche Schwankungen der Erdrotation im Frühmittelalter und in der Antike in die Berechnungen einfließen lässt.

Durch diese Schwankungen der Erdrotation entstehen Abweichungen der Universalzeit von der Terrestrischen Zeit, Delta T genannt, die die Sichtbarkeit von berechneten Finsternissen beeinflussen. Dazu später mehr.

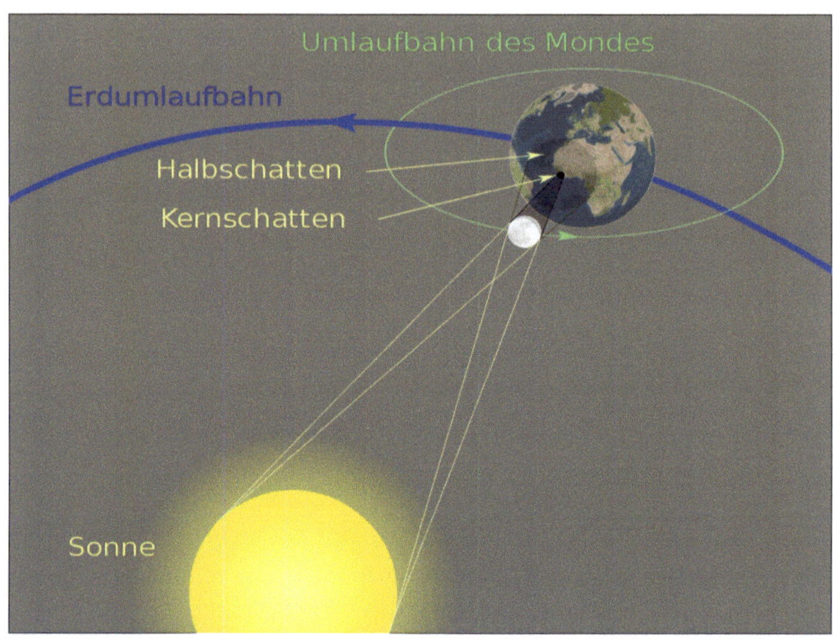

Abb. 5: Geometrie einer totalen Sonnenfinsternis

Die Sonnenfinsternis vom 16. Juni 364

Der britische Historiker John K. Fotheringham (1874-1936) ist da etwas präziser. Zur Sonnenfinsternis vom 16. 6. 364, beobachtet von Theon von Alexandria, schreibt er

"the only ancient eclipse of the Sun for which an astronomically observed time is recorded" [zitiert von Stephenson 1997, S. 365.]

(„die einzige Sonnenfinsternis der Antike, für welche eine astronomische Beobachtungszeit aufgezeichnet wurde")

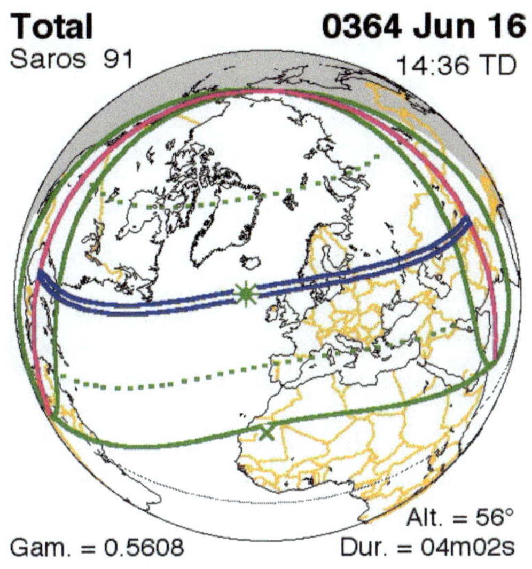

Abb. 6: Die Sonnenfinsternis vom 16. 6. 364. Man sieht, dass der Bereich der totalen Sonnenfinsternis (blau) in Nordeuropa liegt. Die Sonnenfinsternis wurde aber laut Bericht in Ägypten beobachtet, wo der Bedeckungsgrad gerade einmal 20 % war.

Der britische Astronom F. Richard Stephenson (* 1941) stimmt dem in Bezug auf Europa zu:

"It ist still the only solar eclipse for which careful measurements of time are available from ancient Europe." [1997, S. 365]

("Es ist nach wie vor die einzige Sonnenfinsternis, für die sorgfältige Zeitmessungen aus dem antiken Europa verfügbar sind.")

Um Fotheringham und Stevenson zu präzisieren: Aus dem antiken Europa ist uns keine einzige Sonnenfinsternis mit Zeitan-

17

gaben und weiteren Details überliefert, und somit ansatzweise auch überprüfbar, da die Beobachtung in Alexandria erfolgte, was bekannterweise nicht in Europa liegt.

Aber hat Theon diese Sonnenfinsternis tatsächlich beobachtet?

Die Eklipse ist überliefert in einem Kommentar von Theon zum "Almagest" des Claudius Ptolemäus. In Abb. 6 kann man sehen, dass diese Sonnenfinsternis in Nordeuropa total war. In Alexandria in Ägypten, wo sie laut Bericht beobachtet wurde, lag der Bedeckungsgrad laut NASA-Berechnung bei ca. 20 %.

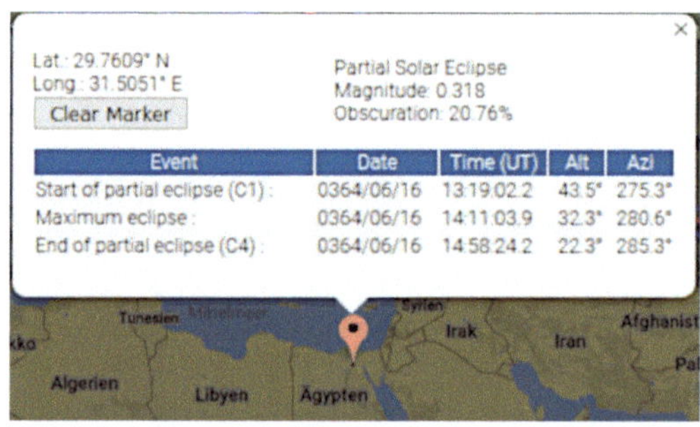

Event	Date	Time (UT)	Alt	Azi
Start of partial eclipse (C1) :	0364/06/16	13:19:02.2	43.5°	275.3°
Maximum eclipse :	0364/06/16	14:11:03.9	32.3°	280.6°
End of partial eclipse (C4) :	0364/06/16	14:58:24.2	22.3°	285.3°

Abb. 7: Der Bedeckungsgrad (Obscuration) der SoFi vom 16.6.364 in Alexandria lag bei 20 %. Quelle: http://eclipse.gsfc.nasa.gov

Nun werden ja viele Daten des "Almagest" schon seit der frühen Neuzeit für zurückgerechnet gehalten, und nicht selbst beobachtet. 1977 erschien Robert R. Newtons Buch "The Crime of Claudius Ptolemy"(Das Verbrechen von Claudius Ptolemäus)[Newton 1977]. Zu Ptolemäus später mehr.

Die Sonnenfinsternis vom 16. 6. 364 gehört zum Saros-Zyklus 91. Ein Saros-Zyklus von Sonnenfinsternissen umfasst eine

Reihe von Finsternissen im Abstand von ca. 18 Jahren, 11 Tagen und 8 Stunden, deren zeitliche Nachfolger sich sehr ähneln.

Ab dem 5. 4. 851 rückwärts fand jeweils am Nil eine Sonnenfinsternis exakt alle 19756 Tage zuvor statt (heutiges Ägypten/Sudan/Äthiopien), also jede dritte Sonnenfinsternis des Saros-Zyklus im Abstand von ca. 54 Jahren. Dies sind die Jahre 851, 797, 743, 688, 634, 580, 526, 472, 418, 364. Lediglich die SoFis von 580 und 634 wären wahrscheinlich ohne gezieltes Beobachten nur südlich von Äthiopien sichtbar gewesen - dort Bedeckungsgrad 30 %.

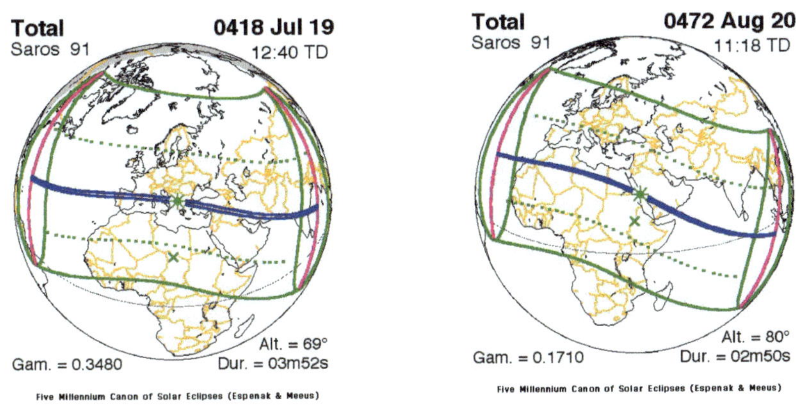

Abb. 8 & 9: Die Sonnenfinsternisse vom 19. 7. 418 und vom 20. 8. 472

Es wäre also nicht überraschend, wenn die SoFi vom 16. 6. 364 lediglich eine Rückrechnung wäre, ausgehend von mehreren nacheinander folgenden beobachteten SoFis nach jeweils 19756 Tagen, z. B. 851 => 797 => 743 => 688, immer am Nachmittag, 688, 743 und 797 sogar fast zur selben Zeit wie 364.

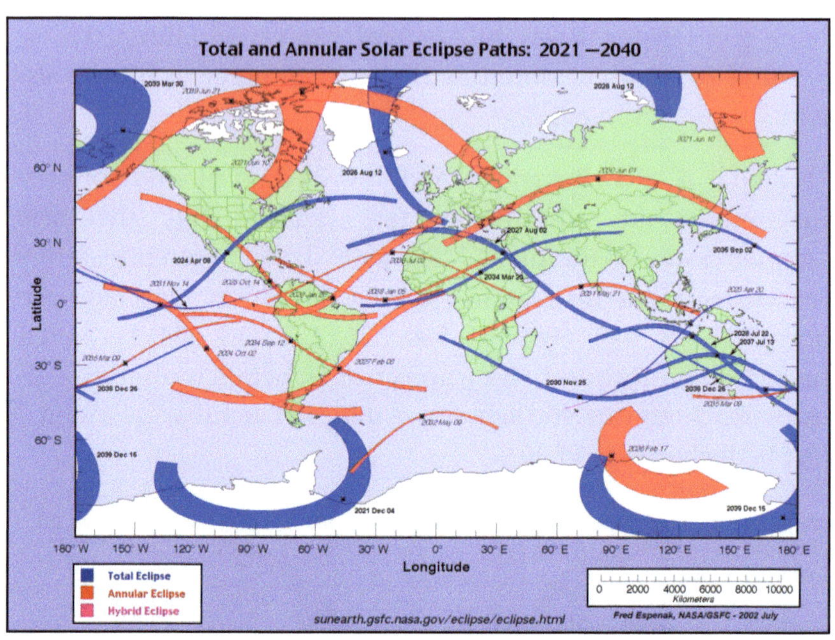

Abb. 10: Die Pfade der totalen und annularen Sonnenfinsternisse auf der Erdoberfläche von 2021-2040

Die Periodizität von Finsternissen

Da es für das antike Europa keine Beschreibungen von Sonnenfinsternisse mit Zeitangaben und weiteren Details gibt – oft ist nicht einmal der genaue Ort bekannt -, sind sie nicht ohne weiteres durch Rückrechnung überprüfbar. Die Angaben in den Quellen lassen oft große Spielräume für die chronologische Zuordnung. Die Zuordnung auf den Tag erfolgte in vielen Fällen erst durch eine zurückgerechnete Sonnenfinsternis.

Des Weiteren ist der geographische Spielraum recht groß, da nicht alle Sonnenfinsternisse am angegebenen oder vermuteten Beobachtungsort total waren. Wegen der Vielzahl an Eklipsen wird man aber fast immer eine mehr oder weniger passende finden, wenn man

1) die tolerierten Abweichungen genügend groß sein lässt, und,

2) falls man doch keine passende findet, eine Ad-hoc-Hypothese aufstellt.

Die von den Historikern und Astronomen bislang gefundenen Datierungen der Sonnenfinsternisse der Antike sind somit lediglich die mit der bestmöglichen Übereinstimmung mit den Quellen auf der Grundlage der offiziellen Chronologie und der spekulativen Annahme starker, willkürlicher Schwankungen der Erdrotation im Frühmittelalter und in der Antike (Delta T, dazu später mehr). Es liegt keine Verifikation vor.

Abb. 11: Die Sonnenfinsternis vom 29. 7. 1878 (Zeichnung)

Um die Datierungen von Sonnenfinsternissen zu *falsifizieren* [vgl. Popper 1935], kann die Periodizität der Eklipsen ausgenutzt werden. Es gibt eine Reihe von Zeitabständen, nach denen mit großer Wahrscheinlichkeit wieder eine Sonnenfinsternis auftritt. Dabei ist der Pfad der SoFi geographisch etwas verschoben. Hierzu ganz kurz drei Begriffserklärungen:

Ein synodischer Monat ist die Zeit die vergeht, bis wieder die gleiche Elongation (Winkelabstand) des Mondes zur Sonne erreicht wird. Ein drakonitischer Monat ist die Zeit, die zwischen zwei Durchgängen durch denselben Mondknoten (die Schnittpunkte der Mondbahn mit der Ekliptikebene) vergeht. Und ein anomalistischer Monat ist die Periode von zwei Perigäumsdurchgängen (erdnächster Punkt) des Mondes.

Eine Sonnenfinsternis wiederholt sich mit großer Wahrscheinlichkeit nach einem Zeitabstand, der ein übereinstimmend ganzzahliges Vielfaches von synodischen, drakonitischen und anomalistischen Monaten beträgt. Bei drakonitischen Monaten ist auch die genaue Hälfte dieses Wertes möglich; das ist dann der genau gegenüberliegende Mondknoten. Ein solcher Wert ist z.B. 109529 Tage, entsprechend 300 Jahren minus 46 Tagen nach Julianischem Kalender.

Zwischen den beiden Sonnenfinsternissen liegen genau 3709 synodische Monate (à 29.530589 Tage) und 4025 drakonitische Monate (à 27.212221 Tage) sowie nahezu genau 3975 anomalistische Monate (à 27.554550 Tage). Die Monatswerte sind heutige, und weichen geringfügig von denen in der entfernten Vergangenheit ab.

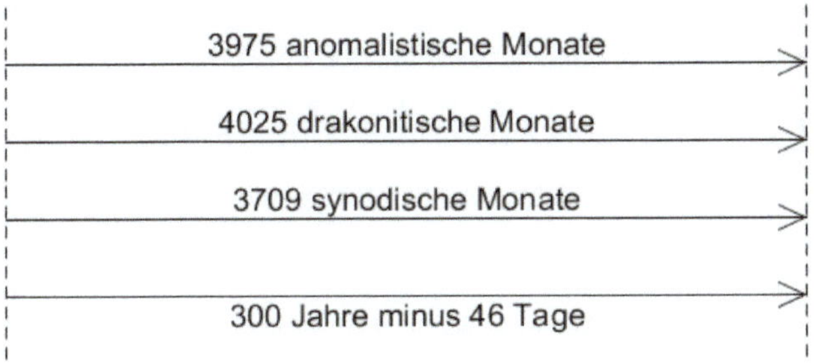

3975 anomalistische Monate

4025 drakonitische Monate

3709 synodische Monate

300 Jahre minus 46 Tage

Grafik 1: Nach 300 Jahren minus 46 Tagen ist vielen Fällen
wieder eine Sonnenfinsternis am gleichen Ort zu sehen.

Abb. 12: Astronomen beobachten eine Finsternis,
Gemälde von Antoine Caron (1571)

23

Interessant ist hier das auffällige Vorkommen der Zahl 1529 mit Permutationen.

109529 Tage sind 300 Jahre des Julianischen Kalenders (á 365.25 Tage) – 46 Tage,

bzw. 300 ägyptische Jahre (à 365 Tage) + 29 Tage,

bzw. 12 x 9125 Tage (= 300 ägyptische Jahre à 365 Tage) + 29 Tage,

bzw. 300 Jahre à 360 Tage + 1529 Tage,

bzw. 3600 Monate [300 Jahre x 12] à 29 Tage + 5129 Tage.

Dies erinnert an die Konstruktion der Zeitrechnungen, die ich in meinem Buch *"Die wohlkonstruierte Chronologie"* beschrieben habe. Es ist noch unklar, ob es hier einen Zusammenhang damit gibt.

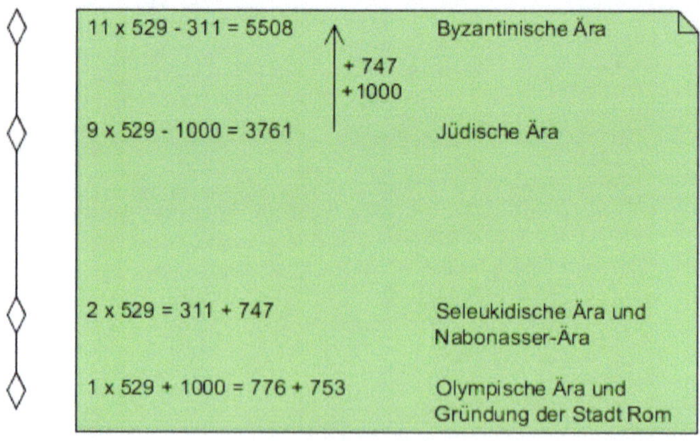

Grafik 2: Das Konstruktionsschema der Zeitrechnungen

Man wird also nach dem Auftreten einer Sonnenfinsternis in vielen Fällen jeweils genau 109529 Tage später wieder eine Eklipse sehen können, vorausgesetzt, der Pfad ist nicht zu sehr nach Norden oder Süden in die Polregionen abgewandert. Dabei gibt es jedoch nur in seltenen Fällen zweimal nacheinander am selben Ort eine totale Finsternis. Die Wahrscheinlichkeit für zwei zumindest partielle Finsternisse am selben Ort ist aber groß.

Wie kann man jetzt diese Periodizität zur Überprüfung der korrekten Datierung nutzen?

Nun, falls die offizielle Datierung stimmen würde, wäre zu erwarten, dass für dieses Datum deutlich mehr Eklipsen mit den Überlieferungen besser übereinstimmen als 300 Jahre früher bzw. später. Im Falle eines 300-Jahres-Fehlers wäre z. B. das Gleiche für das jeweils frühere bzw. spätere Datum zu erwarten. Nur dann, wenn die Sonnenfinsternisse zeitlich völlig falsch verortet wurden, ergibt sich eine fehlende Präferenz für eine der (falschen) Versionen.

Die Sonnenfinsternis nach Titus Livius 188 v. Chr.

Es soll jetzt eine Sonnenfinsternis des antiken römischen Geschichtsschreibers Titus Livius (ca. 59 v. Chr. - 17 n. Chr.) analysiert werden. Dieser Bericht stammt aus seinem Geschichtswerk "Ab urbe condita libri CXLII" (Von der Gründung der Stadt an – 142 Bücher). Die dazugehörige Sonnenfinsternis wird von der offiziellen Geschichte auf den 17. Juli 188 v. Chr. datiert.

Abb. 13: Titus Livius Historicus aus der Weltchronik von Hartmann Schedel, 1493.

Ob Titus Livius wohl tatsächlich so ausgesehen hat?

Es gibt natürlich auch antikisierende spätere Abbildungen des Geschichtsschreibers.

Die Beschreibung in der Quelle ist typisch für die Beschreibungen dieser Zeit. Ein genaues Datum gibt es nicht. Es wird nur erwähnt, dass Marcus Valerius Messala und Gaius Livius Salinator an den Iden des März Konsul wurden, wodurch über die Konsulliste eine Einordnung in die offizielle Chronologie bezüglich des Jahres erfolgt.

Der Text von Livius lautet wie folgt:

"Bevor die neuen Magistrate in ihre Provinzen aufbrachen, wurde an allen Heiligtümern an den Straßenecken eine dreitägige Gebetsperiode im Namen des Kollegiums der Dezemviren ausgerufen, da tagsüber, etwa zwischen der dritten und vierten Stunde, Dunkelheit alles bedeckt hatte. Auch ein Neun-Tage-Opfer wurde verordnet, weil es auf dem Aventin einen Steinregen gegeben hatte." [Livius XXXVIII, XXXVI.4, Zitat von Gautschy, S. 9]

Es ist nur von einer Dunkelheit die Rede, die alles bedeckte, es ist also unklar, ob es eine totale Sonnenfinsternis war (möglicherweise wegen Bewölkung nicht erkennbar).

Dies ist nun die Rückrechnung von der NASA-Website:

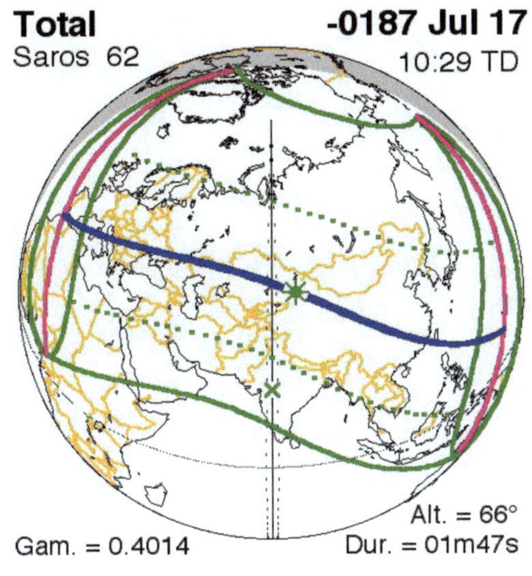

Abb. 14: Die Sonnenfinsternis vom 17. 7. 188 v. Chr. (= -187)

Der Pfad der Sonnenfinsternis auf der Erdoberfläche verläuft über Mittelitalien. Allerdings liegt dieser Rückrechnung eine naturwissenschaftlich nicht begründbare Korrektur des Delta-T-Wertes zugrunde, der die Sichtbarkeit von Finsternissen beeinflusst (dazu später mehr).

Ohne Delta-T-Korrektur würde der Pfad für dieses Datum Hunderte Kilometer weiter westlich liegen. Damit wäre diese Sonnenfinsternis in Italien nur partiell. Dies würde aber nicht dem Bericht von Livius widersprechen, der keine genaue Aussage zum Bedeckungsgrad der Sonne macht.

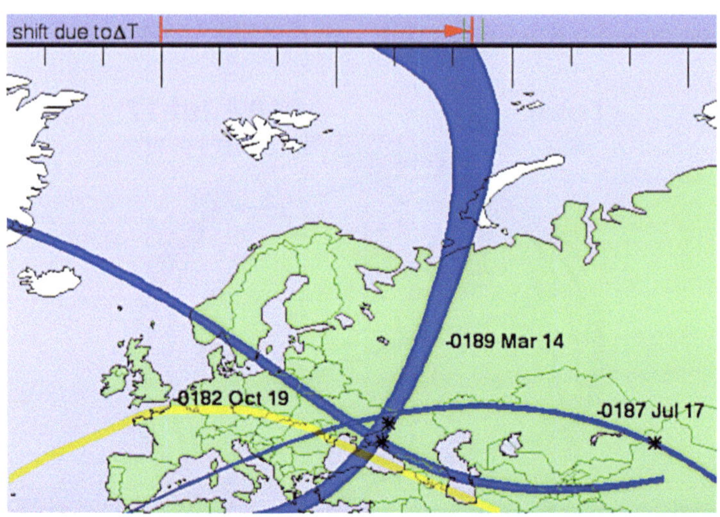

Abb. 15: Die Sonnenfinsternis 17. 7. -187 nach Titus Livius in blau (Pfad über Itali-en) und ohne Delta-T-Korrektur in gelb (vom Autor eingefügt). Die Verschiebung des Pfades wegen der naturwissenschaftlich unbegründeten Delta-T-Veränderung ist auf der NASA-Karte (Original) oben vermerkt (shift due to ΔT).
Quelle: http://eclipse.gsfc.nasa.gov

300 julianische Jahre minus 46 Tage später (= 109529 Tage spä-ter), am 1. 6. 113 n. Chr. gibt es erwartungsgemäß in Europa wieder eine Sonnenfinsternis. Der Pfad liegt jedoch weiter nördlich als 300 Jahre zuvor.

Diese Sonnenfinsternis hatte zwar in Rom nur ca. 80 % Bede-ckung, aber immerhin. In den nördlichen Provinzen war sie total. Somit passt diese Sonnenfinsternis ebenso zum Bericht von Titus Livius wie die Zuordnung der offiziellen Geschichte.

Eine Korrektur des zu hohen Delta-T-Wertes ergibt keine we-sentliche Änderung des Bedeckungsgrades in Rom.

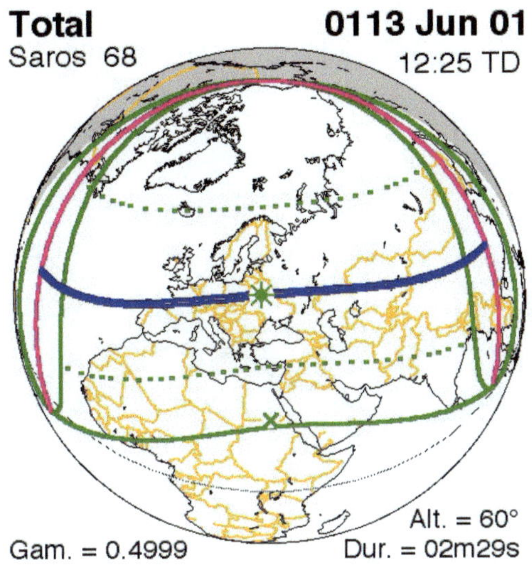

Abb. 16: Die Sonnenfinsternis vom 1. 6. 113 n. Chr.

Abb. 17: Die Sonnenfinsternis 1. 6. 113 in blau (Pfad über Mitteleuropa) und ohne Delta-T-Korrektur in gelb (vom Autor eingefügt). Die Verschiebung des Pfades wegen der Delta-T-Veränderung ist auf der NASA-Karte (Original) oben vermerkt (shift due to ΔT).
Quelle:
http://eclipse.gsfc.nasa.gov

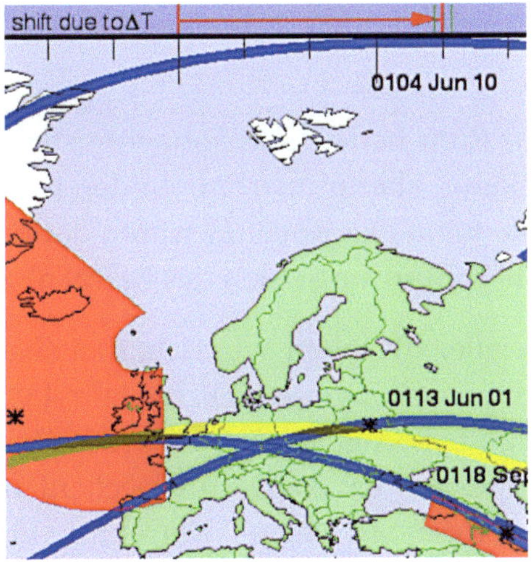

Oder nehmen wir vielleicht diese Sonnenfinsternis hier, nochmal 300 Jahre minus 46 Tage später, am 16. 4. 413:

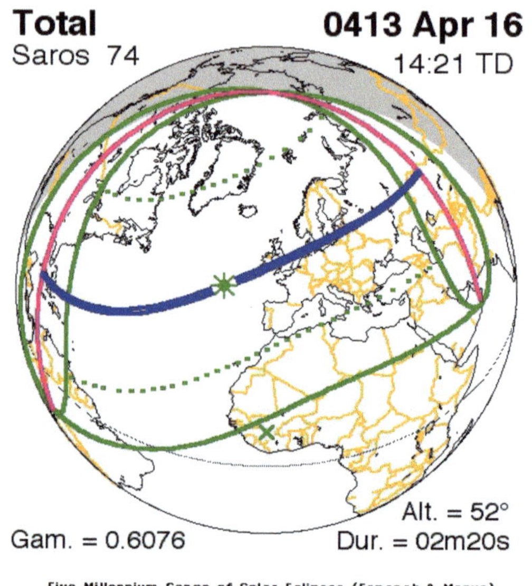

Abb. 18: Die Sonnenfinsternis vom 16. 4. 413 n. Chr.

In Rom hatte diese Sonnenfinsternis zwar nur ca. 70 % Bedeckung, aber immerhin. In den nördlichen Provinzen war auch sie total. Die Konsuln wären dann auch nicht allzu lange nach ihrer Berufung (Iden des März) abgereist.

Vielleicht gehen wir sicherheitshalber auch einmal 300 Jahre minus 46 Tage zurück, ins Jahr 488 v. Chr.. Da gab es eine Sonnenfinsternis am 1. 9. Diese hatte in Rom einen Bedeckungsgrad von ca. 80 %. In Griechenland und weiter ostwärts war sie total. Mit Delta-T-Korrektur verläuft der Pfad über Italien.

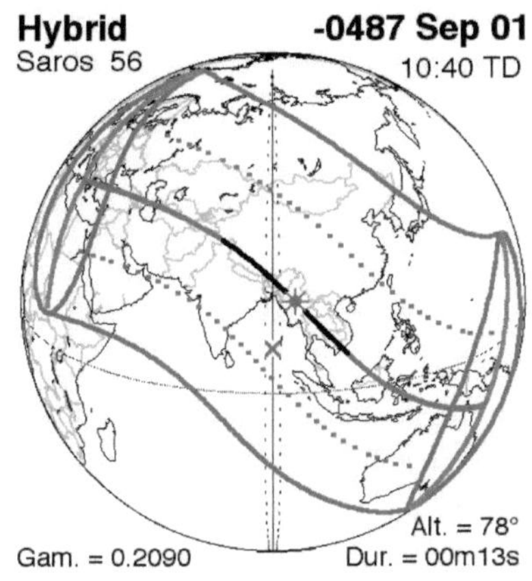

Abb. 19: Die Sonnenfinsternis vom 1. 9. 488 v. Chr.

Wir haben also insgesamt 3-4 Sonnenfinsternisse im Abstand von jeweils 109529 Tagen in einem Zeitraum von 900 Jahren, die für die in der Schriftquelle des Titus Livius beschriebene Sonnenfinsternis in Frage kommen.

Dies ist an vielen Orten bei diesem Zyklus - übereinstimmend ganze Vielfache von synodischen, drakonitischen und anomalistischen Monaten im Abstand von 109529 Tagen - möglich, aber natürlich nicht immer.

Falsifikation der offiziellen Datierungen

Auf seiner Website von H.-E. Korth [Korth 2011] sind 10 Sonnenfinsternisse der Antike aufgeführt, denen die periodisch 109529 Tage späteren zugeordnet sind. Wir wollen nun prüfen, ob sich anhand dieser Daten die offiziellen Datierungen falsifizieren lassen.

Die eben beschriebene Analyse habe ich für alle 10 Sonnenfinsternisse im Abstand von 300 Jahren minus 46 Tagen vorgenommen. Es resultiert daraus folgendes Ergebnis:

Offizielle Datierung	Datierung 109529 Tage später	Neudatierung besser, schlechter oder gleich?	Quelle
15. 8. 310 v.Chr.	30. 6. 10 v.Chr.	schlechter	Diodor
19. 7. 104 v.Chr.	3. 6. 197	gleich	Julius Obsequens
29. 6. 94 v.Chr.	14. 5. 207	gleich	Julius Obsequens
30. 4. 59	15. 3. 359	besser	Plinius
6. 8. 240	20. 6. 540	besser	Vita Gordaniorum
20. 11. 393	5. 10. 693	schlechter	Zosimus
19. 7. 418	3. 6. 718	gleich	Hydatius
22. 12. 447	7. 11. 747	schlechter	Hydatius
29. 6. 512	14. 5. 812	gleich	Theophanes
3. 10. 563	18. 8. 863	besser	Gregor von Tours

Tabelle 1: 10 Sonnenfinsternisse im Abstand von 109529 Tagen
[Daten nach Korth 2011]

Bei diesen 10 Finsternissen stimmen also von den 300 Jahre späteren Datierungen 4 gleich, 3 schlechter und 3 besser mit den Überlieferungen überein als die offiziellen Datierungen. Es gibt somit keine Präferenz für eine der beiden Varianten, weshalb beide falsch sein müssen.

Die drei Finsternisse des Thukydides
im Peloponnesischen Krieg

Die Problematik der Zuordnung von überlieferten Finsternis-Berichten zu berechneten Eklipsen soll im Folgenden an einem Beispiel (einem sehr bekannten dazu) verdeutlicht werden.

Der griechische Geschichtsschreiber Thukydides hat in seiner Beschreibung der ersten zwanzig Jahre des Peloponnesischen Krieges (431 – 404 v. Chr.) drei Finsternisse erwähnt (zitiert u.a. von [Gautschy, S. 5/6]).

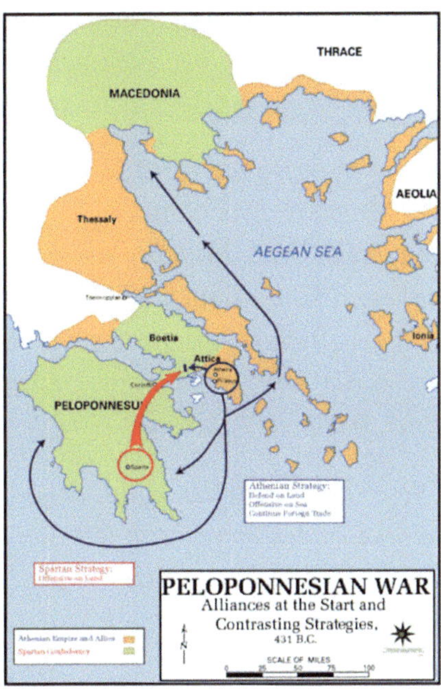

Abb. 20 (links): Druck des "Der Peloponnesischen Krieges" aus dem Jahre 1620
Abb. 21 (rechts): Die Gegner des Peloponnesischen Krieges: Athen und der Attische Seebund (orange) und Sparta mit dem Peloponnesischen Bund (grün). Am Ende gewann Grün.

Dies sind zwei Sonnenfinsternisse im Abstand von 7 Jahren und eine Mondfinsternis 11 Jahre nach der zweiten SoFi. Ein genaues Datum wird nicht genannt.

Thukydides berichtet [Zitat von Starke 2013, S. 112]:

"Im selben Sommer, zur Zeit eines Neumondes, wo es auch allein möglich zu sein scheint, verfinsterte sich die Sonne am Nachmittag und wurde wieder voll, nachdem sie mondförmig geworden war und auch einige Sterne hervorgetreten waren. (II, 28, Erstes Kriegsjahr)

Gleich zu Beginn des folgenden Sommers gab es eine Sonnenfinsternis bei Neumond, und im ersten Drittel desselben Monats bebte es. (IV, 52, Achtes Kriegsjahr)

Als alles fertig war und sie schon abfahren wollten, verfinsterte sich der Mond, es war nämlich gerade Vollmond. Da geboten die Athener den Feldherren Einhalt, wenigstens die große Menge, es sei doch unheimlich, und auch Nikias (er gab wohl etwas viel auf Propheten und dergleichen) weigerte sich, vor Ablauf von dreimal neun Tagen, wie es die Seher ausdeuteten, auch nur noch einmal zu beraten über einen früheren Aufbruch. (VII, 50, Neunzehntes Kriegsjahr)

Dieser Entscheid der Volksversammlung, dass der Vertrag gebrochen sei, fiel in das vierzehnte Jahr des dreißigjährigen Friedens, der nach dem Euboischen Krieg geschlossen worden war. (I, 87, Vorgeschichte)"

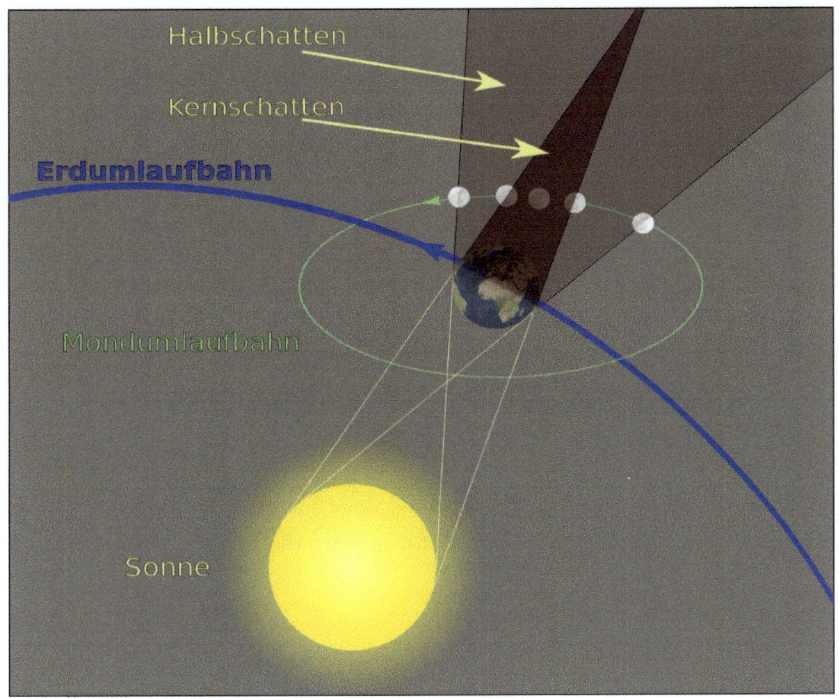

Abb. 22: Geometrie einer Mondfinsternis

Die erste Sonnenfinsternis wurde im Sommer des ersten Kriegsjahres nach Mittag beobachtet, wobei die Sonne die Form einer Sichel annahm und Sterne sichtbar wurden. Es war also eine totale Sonnenfinsternis.

Die zweite Sonnenfinsternis fand im achten Kriegsjahr am Anfang des Sommers statt, wobei Thukydides hier nur zwei Jahreszeiten, Sommer und Winter, unterscheidet.

Die Mondfinsternis ereignete sich im Sommer, elf Jahre nach der zweiten Sonnenfinsternis.

Ausführliche Analysen zur offiziellen Datierung sowie zwei Alternativdatierungen finden sich bei Stephenson [Stephenson 1997, S. 346 ff.] und Fomenko [Fomenko 2003, Band 1, S. 97 ff.], bei letzterem auch mit Literaturangaben zu vorherigen Forschungen.

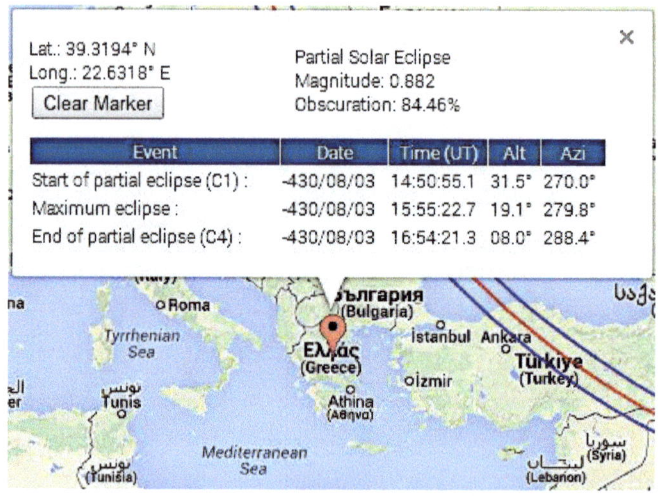

Abb. 23: Die Sonnenfinsternis des Thukydides, traditionell 431 v. Chr., Quelle: http://eclipse.gsfc.nasa.gov

Wie Fomenko und andere Autoren vor ihm ganz richtig feststellen, kann die Finsternis-Triade der offiziellen Geschichte 431 v. Chr. => 424 v. Chr. => 413 v. Chr. nicht stimmen, wenn man die Aussage zur ersten Sonnenfinsternis wörtlich nimmt, dass "mehrere Sterne erschienen".

Der Bedeckungsgrad der SoFi über Griechenland war nämlich mit unter 90 % viel zu gering für die Sichtbarkeit von Sternen oder Planeten, selbst mit Korrektur des Delta-T-Wertes.

Die einzige Triade, die bei derzeit gültigen Delta-T-Werten stimmig ist, hat Morosow 1928 berechnet [zitiert von Fomenko 2003, Band 1, S. 103 f.]. Diese liegt fast auf den Tag genau 3 x 521 Jahre nach der offiziellen Datierung in den Jahren 1133 => 1140 => 1151.

Nach jeweils 521 Jahren und Vielfachen davon kehren Sonnenfinsternisse oft periodisch auf den Tag genau (+/- 1 Tag) wieder. Im Allgemeinen ist dann der Pfad der Finsternis auf der Erdoberfläche mehr oder weniger verschoben. Morosow kannte den Zusammenhang aber wohl nicht. Er erwähnt ihn jedenfalls nicht; Fomenko, der ihn damit zitiert, auch nicht.

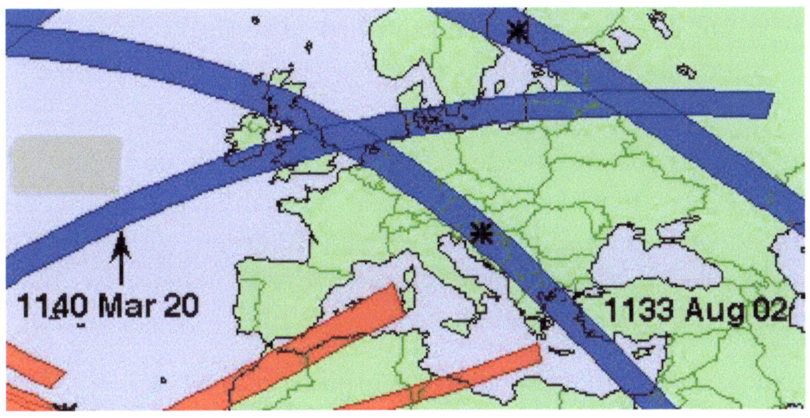

Abb. 24: Die Sonnenfinsternisse des Thukydides, traditionell 431 BC und 424 BC, nach Morosow 1133 und 1140, Quelle: http://eclipse.gsfc.nasa.gov

Morosows Ergebnis kann aber aus folgenden Gründen nicht überzeugen:

1. Es ereignete sich nach der totalen Sonnenfinsternis 1133 eine weitere partielle Sonnenfinsternis mit einer Bedeckung von über 90 % in Griechenland, und zwar am 4. 11. 1138. Diese erwähnt Thukydides jedoch nicht, obwohl die von ihm genannte zweite SoFi, nach Morosow am 20. 3. 1140, nicht einmal eine Bedeckung von 60 % hatte.

2. Wenn man Morosows Jahreszahlen zugrunde legt, dann ereignete sich im Berichtszeitraum des Thukydides eine weitere totale Sonnenfinsternis am 26. 10. 1147. Auch diese wird von Thukydides nicht erwähnt.

Das Fehlen dieser beiden starken Sonnenfinsternisse bei Thukydides macht es ziemlich unwahrscheinlich, daß Morosows Ergebnis das richtige ist. Außerdem gibt es auch sonst keine Indizien für eine Differenz der Ereignisse um 1563 Jahre im Vergleich zur offiziellen Geschichte.

Fomenkos Vorschlag für die Finsternis-Triade ist 1039 => 1046 => 1057 [Fomenko 2003, Band 1, S.103 ff.]. Er hat für die Berechnung eine Software verwendet ("Turbo-Sky software"), die andere Ergebnisse liefert als andere Autoren und die NASA-Website, die derzeit für Finsternis-Berechnungen als Referenz gilt [NASA].

Demnach hatte die Sonnenfinsternis am 22. 8. 1039 in Griechenland eine Bedeckung von unter 80 %, noch geringer als der Wert der offiziellen Geschichte, was definitiv zu gering für das Sichtbarwerden von Sternen oder Planeten ist.

Auch eine Veränderung des Delta-T-Wertes würde nicht zu einer Verschiebung des Pfades der Finsternis in Richtung Griechenland und damit zu einer höheren Bedeckung führen.

Fomenkos Vorschlag würde nur funktionieren, wenn man eine noch weit größere Delta-T-Anomalie annimmt als die offizielle Geschichte. Daher passt auch Fomenkos Vorschlag nicht.

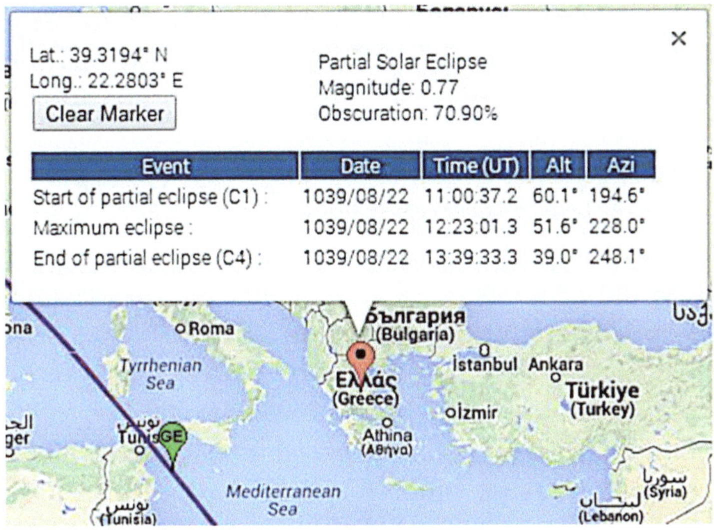

Abb. 25: Die Sonnenfinsternis des Thukydides, traditionell 431 v. Chr., nach Fomenko 1039, Quelle: http://eclipse.gsfc.nasa.gov

Abb. 26: Der Athener General Alkibiades (auch aus dem gleichnamigen Dialog mit Sokrates bekannt, der Platon zugeschrieben wird) wird von persischen Soldaten ermordet, Gemälde von Philippe Chéry, 1791

Vorschlag des Autors: Lässt man die naturwissenschaftlich nicht begründbare Veränderung des Delta-T-Wertes weg, so ereignete sich eine den Quellen perfekt entsprechende Finsternis-Triade in den Jahren 693 => 700 => 711. Die Sonnenfinsternis am 5. 11. 693 erreichte in Griechenland eine Bedeckung von knapp unter 100 % (Sichelform), so dass die hellsten Planeten und Sterne sichtbar waren. Konkret waren dies zumindest Venus und Sirius, möglicherweise noch mehr.

Eine passende partielle Finsternis gab es sieben Jahre später am 23. 5. 700. Und eine passende Mondfinsternis ereignete sich am 7. 4. 711.

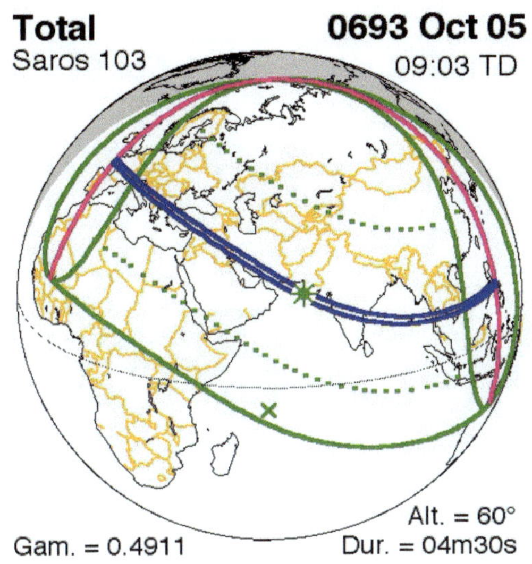

Five Millennium Canon of Solar Eclipses (Espenak & Meeus)

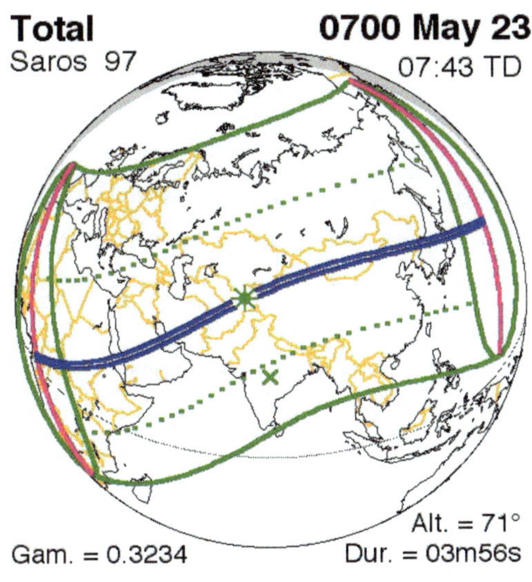

Five Millennium Canon of Solar Eclipses (Espenak & Meeus)

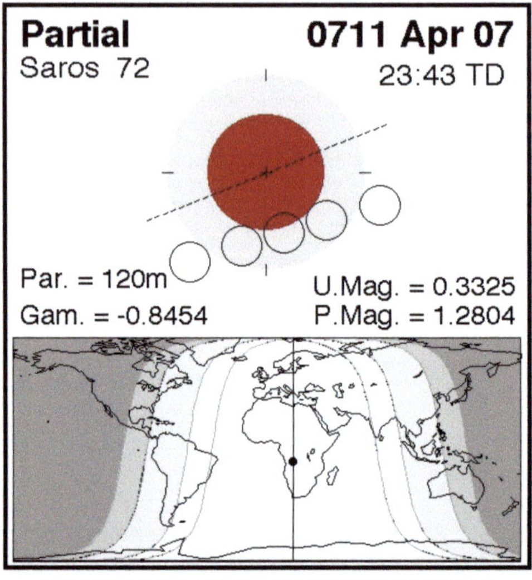

Abb. 27 (oben): Die Sonnenfinsternis vom 5. 10. 693 (nicht 3 .8. 431 v. Chr.)
Abb. 28 (Mitte): Die Sonnenfinsternis vom 23. 5. 700 (nicht 21. 3. 424 v. Chr.)
Abb. 29 (unten): Die Mondfinsternis vom 7. 4. 711 (nicht 27. 8. 413 v. Chr.)

Der zeitliche Abstand der Zuordnungen des Autors von denen der offiziellen Geschichte beträgt 1123 Jahre. Später wird gezeigt werden, dass dieser zeitliche Abstand für viele andere Finsternis-Berichte zutreffend ist, die aus Schriftquellen stammen, die der griechischen Antike zugeordnet werden.

Für fast alle Finsternis-Berichte der griechischen Antike kann man eine passende Finsternis finden, wenn ein zeitlicher Abstand von 1119-1123 vorausgesetzt wird.

Der Autor hat noch eine weitere passende Zuordnung für die Finsternis-Triade des Thukydides gefunden. Hier beträgt der zeitliche Abstand 1163 Jahre. Diese Finsternisse liegen in den Jahren 733 => 740 => 751. Die Sonnenfinsternis am 14. 8. 733 erreichte in Griechenland eine Bedeckung von knapp unter 100 % (Sichelform). Eine passende partielle Finsternis gab es sieben Jahre später am 1. 4. 740 mit einer passende Mondfinsternis 11 Jahre später am 11. 8. 751.

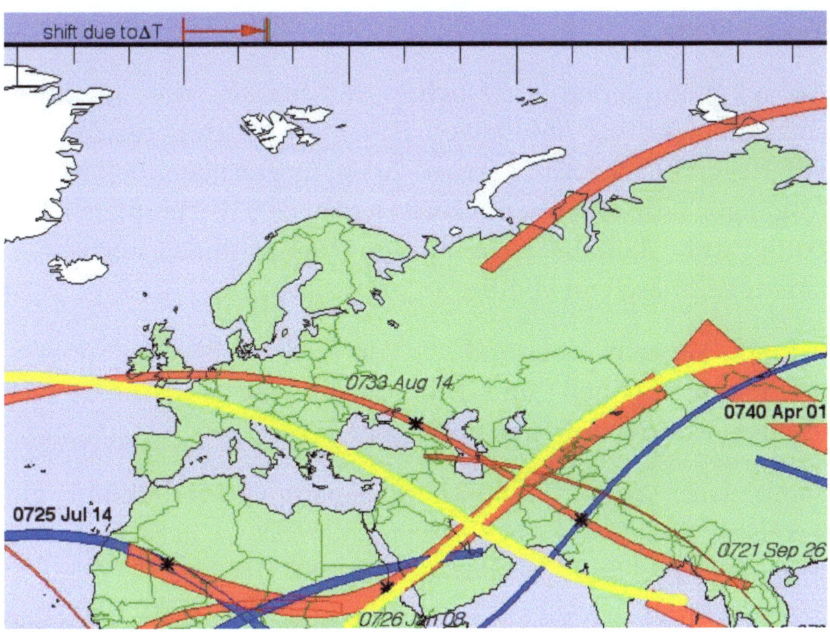

Abb. 30: Die Sonnenfinsternisse 733 und 740 ohne Delta-T-Korrektur in gelb (vom Autor eingefügt), traditionell 431 v. Chr. und 424 v. Chr. nach Thukydides. Die Verschiebung des Pfades wegen der naturwissenschaftlich unbegründeten Delta-T-Veränderung ist auf der NASA-Karte (Original) oben vermerkt (shift due to ΔT). Eine geringfügig größere Korrektur (helle Linie nach links) ist nicht ausgeschlossen. Quelle: http://eclipse.gsfc.nasa.gov

Die Problematik von Delta T

Was ist Delta T

Vor einigen Jahren versuchte R. Starke, die gesamte Chronologiekritik, inklusive Fomenko, astronomisch zu widerlegen [Starke 2009, aktuell 2013]. Es gab aber auch schon Vorgänger [z.B. Herrmann 2000, Krojer 2003]. Hauptziel der Kritik war damals wegen ihrer Bekanntheit noch die Fantomzeitthese von H. Illig.

Dieser Versuch bestand darin, die Beschreibungen überlieferter Sonnen- und Mondfinsternisse der Antike mit heutigen Rückrechnungen zu vergleichen.

Damit war sogar der erklärte Anspruch verbunden zu beweisen, dass *"an der herrschenden Chronologie auch nicht der geringste Zweifel bestehen kann."* [Starke 2011, S. 10].

Starke machte dabei aber einen grundlegenden Fehler, wie auch schon andere Autoren vor ihm. Die größte Unsicherheit bei den Berechnungen von Finsternissen liegt in Veränderungen der Erdrotation, vor allem verursacht durch den Einfluss des Mondes.

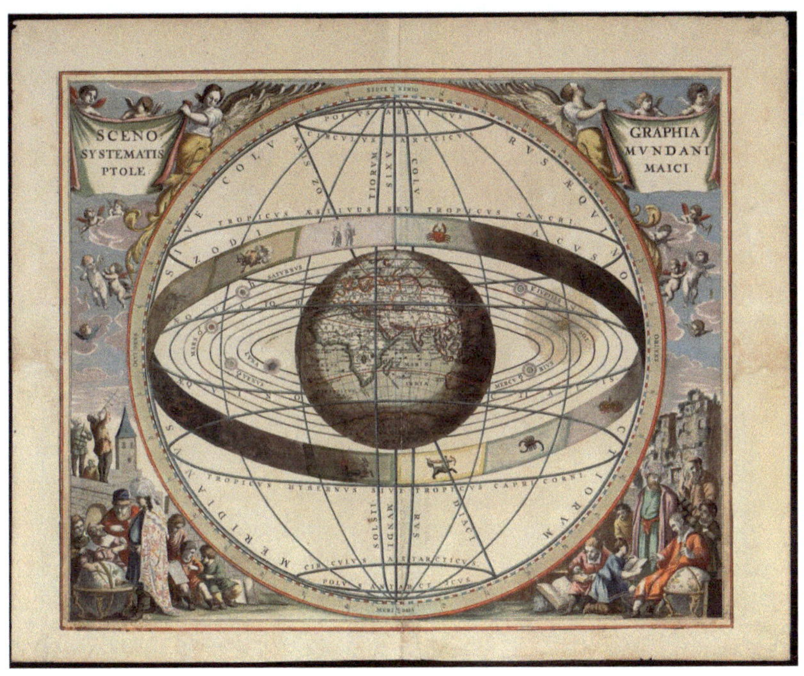

Abb. 31: Die heutige Chronologie der Antike und des Mittelalters, die von Chronologiekritikern und Geschichtsanalytikern verworfen wird, entstand in einer Zeit, in der ein völlig anderes Weltbild als heute vorherrschte – das geozentrische Weltbild inklusive Gott, Aberglaube, Astrologie und Zahlenmystik

Durch diese Schwankungen der Erdrotation entstehen Abweichungen der Universalzeit von der Terrestrischen Zeit, Delta T genannt, die die Sichtbarkeit von berechneten Finsternissen beeinflussen.

Die Universalzeit (Universal Time) beruht auf astronomischer Beobachtung von der Erde aus und schließt daher Irregularitäten der Erdrotation ein. Sie ist auch die Grundlage für die amtliche Uhrzeit.

Die Terrestrische Zeit (Terrestrial Time) ist vereinfacht gesagt eine ideale Berechnungsgröße unter Ausschaltung von Änderungen der Erdrotation. Die Terrestrische Zeit ist also eine absolut gleichmäßig verlaufende Zeitskala. Die praktische Realisierung erfolgt durch Atomuhren.

Veränderungen der Erdrotation waren in den letzten Jahrhunderten mit präzisen astronomischen Beobachtungen sehr gering.

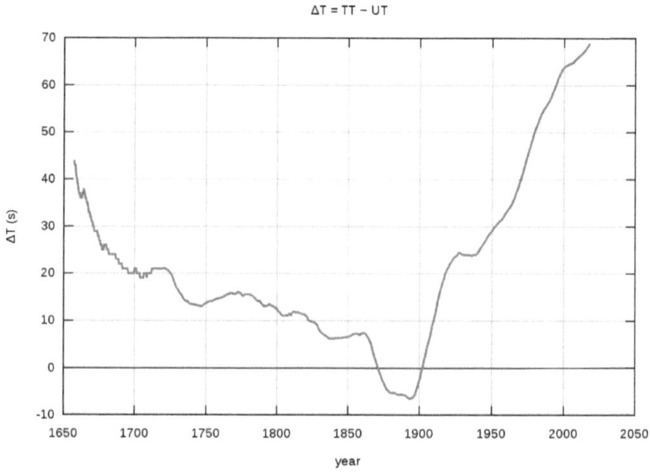

Abb. 32: ΔT im Zeitraum 1657 bis 2018

Starke setzte nun stillschweigend gerade die Delta-T-Werte voraus, mit denen sich eine optimale Übereinstimmung zwischen Finsternis-Berichten, die der Antike und dem Mittelalter zugeschrieben werden, mit Rückrechnungen ergibt, unter der Prämisse, dass die jetzige Chronologie richtig ist.

Unter dieser Prämisse ergeben sich aber für die entfernte Vergangenheit, abweichend von den letzten Jahrhunderten, sehr große Delta-T-Werte, außerdem noch mit physikalischen Anomalien (siehe [Stephenson 1997] und [Morrison und Stephenson 2004] als Grundlage für die NASA-Berechnungen.

Maßgebend sind auch Robert R. Newtons Untersuchungen zum System Erde/Mond und zur Elongation des Mondes [Newton 1970 und 1972]). Newton veröffentlichte auch eine Analyse zu den astronomischen Beobachtungen des antiken Astronomen Claudius Ptolemäus mit dem Titel "The Crime of Ptolemy" (Das Verbrechen des Ptolemäus).

Selbst mit dieser Methode können zwar viele, aber längst nicht alle Finsternis-Berichte der Antike einer tatsächlichen zurückgerechneten Eklipse zugeordnet werden.

Wie der bereits zitierte A. Demandt feststellt, stimmen selbst mit Delta-T-Korrektur mehr als 80 % aller antiken Finsternis-Berichte nicht mit Berechnungen überein [Demandt 1970].

Bei Berücksichtigung von Delta-T-Werten für die Antike, die auch für spätere Zeiten nachgewiesen sind, würde der Pfad der Finsternisse geographisch verschoben sein und die Sichtbarkeit ganz andere Regionen treffen.

Eine Veränderung des Delta-T-Wertes um einen gewissen Betrag würde zwar bestimmte jetzt nicht beobachtbare Finsternisse in den Sichtbarkeitsbereich rücken; dabei verschiebt sich aber der Pfad anderer wiederum so, dass sie nicht mehr (ausreichend) sichtbar sind.

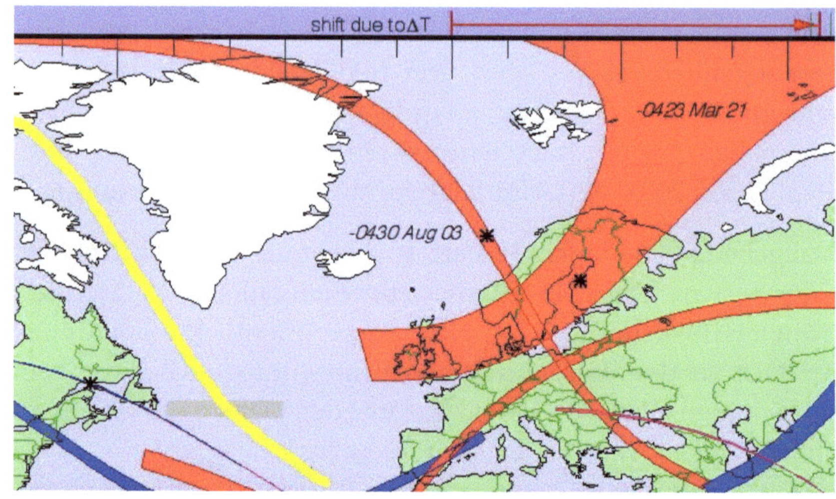

Abb. 33: Der Pfad der Sichtbarkeit der annularen Sonnenfinsternis 431 v. Chr. (und 424 v. Chr.) in Griechenland (nach Thukydides) nach offizieller Geschichte in rot, ohne Delta-T-Korrektur hell (vom Autor eingefügt). Die SoFi war demnach eigentlich mitten im Nordatlantik sichtbar, aber keinesfalls in Griechenland (zu Details siehe S. 33 ff.). Die Verschiebung des Pfades wegen der naturwissenschaftlich unbegründeten Delta-T-Veränderung ist auf der NASA-Karte (Original) zum Glück oben vermerkt (shift due to ΔT).
Quelle: http://eclipse.gsfc.nasa.gov

Die Änderung der Rotation der Erde

Die Anziehungskraft des Mondes (und in geringerem Maße der Sonne) löst die Gezeiten der Ozeane aus. Da die Wassermassen vom Mond angezogen werden, scheinen die Ozeane auf- und abzuschwellen, während sich die Erde unter ihnen dreht. Diese Gezeitenreibung überträgt nach und nach den Drehimpuls von der Erde auf den Mond.

Die Erde verliert Energie und verlangsamt sich, während der Mond an Energie gewinnt und folglich seine Umlaufdauer und Entfernung von der Erde zunimmt. Der durchschnittliche Abstand des Mondes von der Erde vergrößert sich um 3,8 Zentimeter pro Jahr.

Dagegen erhöht sich durch die Veränderung der Rotationsrate der Erde derzeit die Tageslänge (je einzelner Tag) um ca. zwei Millisekunden pro Jahrhundert. Dies entspricht einer Veränderung des Delta-T-Wertes um 40 Sekunden in einem Jahrhundert.

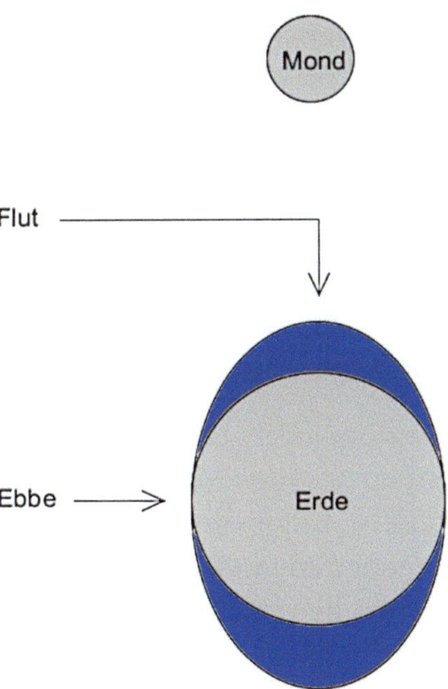

Grafik 3: Vereinfachtes Schema der Gezeiten durch die Anziehungskraft des Mondes

Die Rotation der Erde verlangsamt sich aber nicht gleichmäßig. Auswirkungen des Klimas (globale Erwärmung, polare Eiskappen und Meerestiefen) und die Dynamik des geschmolzenen Erdkerns machen es unmöglich, den genauen Wert von Delta-T in der fernen Vergangenheit oder fernen Zukunft vorherzusagen.

Wie kommen die Delta-T-Werte zustande?

Die einzige Quelle für die Delta-T-Werte vor der Zeit mit genauen Beobachtungen durch Teleskope um 1600 n. Chr. sind historische Aufzeichnungen von Beobachtungen von Sonnen- und Mondfinsternissen in europäischen, nahöstlichen und chinesischen Manuskripten.

In der Zeit von ca. 1600 bis heute sind die Delta-T-Werte relativ gering und schwanken im Laufe der Zeit auch nur wenig. Davor war es angeblich ganz anders - laut der Auswertung der historischen Aufzeichnungen unter der Prämisse der Gültigkeit der offiziellen Chronologie.

Hier stellt sich automatisch die Frage, ob nicht die Chronologie der Antike und des Mittelalters falsch ist und die so entstandenen äußerst ungewöhnlichen Delta-T-Werte nur Artefakte sind und nicht den tatsächlichen Delta-T-Werten der Vergangenheit entsprechen (zum Unterschied zwischen Geschichte und Vergangenheit siehe das erste Kapitel des Buches des Autors *"Die wohlkonstruierte Chronologie"*). Dafür sprechen natürlich auch noch weitere Indizien (siehe dazu z. B. das Buch des Autors *"Die wohlstrukturierte Geschichte"*).

Table 1 - Values of ΔT Derived from Historical Records		
Year	ΔT (seconds)	Standard Error (seconds)
-500	17190	430
-400	15530	390
-300	14080	360
-200	12790	330
-100	11640	290
0	10580	260
100	9600	240
200	8640	210
300	7680	180
400	6700	160
500	5710	140
600	4740	120
700	3810	100
800	2960	80
900	2200	70
1000	1570	55
1100	1090	40
1200	740	30
1300	490	20
1400	320	20
1500	200	20
1600	120	20
1700	9	5
1750	13	2
1800	14	1
1850	7	<1
1900	-3	<1
1950	29	<0.1

Abb. 34: Delta-T-Werte, abgeleitet aus historischen Aufzeichnungen. Man kann die vollständig anderen Delta-T-Werte in der Zeit vor 1600 im Vergleich zur Zeit danach sofort erkennen. Darstellung als Grafik siehe Seite 59.
Quelle: http://eclipse.gsfc.nasa.gov

Für die in den NASA-Berechnungen (quasi der Standard) verwendeten Delta-T-Werte zeichnen der britische Astronom F. Richard Stephenson (* 1941) und seine Mitarbeiter verantwortlich [Stephenson 1997].

Grafik 3 zeigt, aus welchen Regionen und nach offizieller Geschichte datierten Zeiten, Quellen mit Beobachtungen zu Sonnen- und Mondfinsternissen herangezogen wurden [siehe Stephenson 1997]. Es sind dies in erster Linie

1. babylonische Berichte auf Keilschrifttafeln aus der Zeit vor 66 v. Chr.,

2. chinesische Berichte aus der Zeit von der Mitte des 5. Jahrhundert bis ca. 700, 948 (einer) und wieder ab der Mitte des 11. Jahrhunderts,

3. arabische Berichte ab dem 9. Jahrhundert.

Dazu kommen noch einige griechische Berichte, die aus dem "Almagest" des Ptolemäus stammen, sowie die einzige (!) Sonnenfinsternis der gesamten griechisch-römischen Antike, für die die genaue Beobachtungszeit aufgeschrieben wurde.

Diese stammt aus einem Kommentar zu Ptolemäus' "Almagest" von Theon aus Alexandria und beschreibt die Sonnenfinsternis am 16. Juni 364 nach offizieller Geschichte. Diese Sonnenfinsternis war bereits auf den Seiten 16 ff. Thema.

Bezeichnenderweise bleibt die ansonsten so detailreiche Historiographie der griechisch-römischen Antike außen vor.

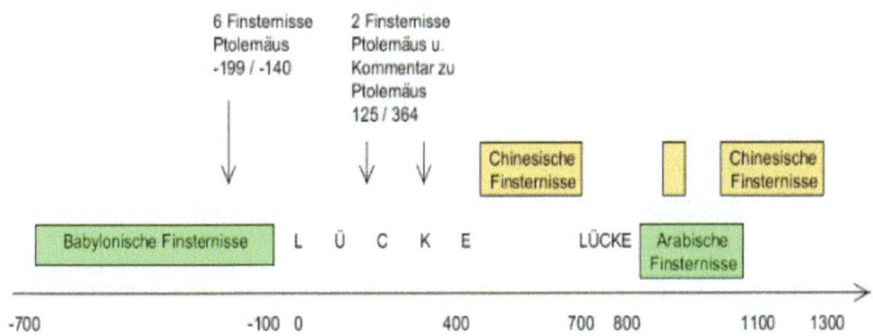

Grafik 4:Die Herkunft der Finsternisberichte für die Delta-T-Werte der NASA nach [Stephenson 1997, vor allem S. 504]

Da hat man also in Mesopotamien, insbesondere Babylon, als so ziemlicher einziger Gegend in der Welt dieser Zeit, die Fähigkeit kultiviert, genaue Beobachtungen von Himmelsereignissen aufzuschreiben, insbesondere Sonnen- und Mondfinsternisse. Mit dem Hellenismus wurde das dann auch in Ägypten üblich, überliefert vor allem in Schriften des griechischen Ägypters Claudius Ptolemäus (ca. 100-170 n. Chr.). Irgendwann nach 66 v. Chr. verlor man dann in Babylon diese Fähigkeit total, in Ägypten etwas später.

Fast 1000 Jahre danach kamen dann andere Leute in der Gegend von Babylon, im ca. 90 km entfernten Bagdad, auf die Idee, dasselbe zu machen wie ihre längst mitsamt der Keilschrifttafeln im Wüstensand verschwundenen Vorfahren, und die arabischen Finsternis-Berichte begannen. Die wichtigsten Beobachtungsorte waren neben Bagdad auch Alexandria und Kairo (im Mittelalter "Babylon" genannt) in

Ägypten, wo man das ja einige Jahrhunderte zuvor auch schon mal konnte, aber dann wieder vergessen hatte.

Hier soll also eine über viele Jahrhunderte andauernde Lücke in der Ausprägung damals ziemlich einzigartiger Fähigkeiten existieren, die genau an den Orten wieder neu aufblühen, wo sie Jahrhunderte zuvor spurlos verloren gegangen waren. Das ist eine ziemlich absurde Vorstellung.

Abb. 35: Keilschrifttafel, ein Teil des Gilgamesch-Epos, "Flood Tablet"

Genauso seltsam ist auch der Fakt, dass bis zum 19. Jahrhundert, als man diese Keilschrifttafeln der alten Babylonier im Wüstensand fand (und genau seit dieser Zeit konnte man auch erst präzise astronomische Rückrechnungen bis in die Zeit des antiken Babylons machen, aber noch nicht ganz so präzise wie heute!), kein Mensch etwas von diesen Tafeln wusste. Zu dieser Zeit waren nur persische Keilschrifttafeln bekannt, und zwar schon sehr lange.

Ohne diese babylonischen Finsternis-Berichte hängt die griechisch-römische Antike nach heutigen Maßstäben der Wissenschaft (aber noch nicht nach denen zur Zeit Scaligers) chronologisch vollkommen in der Luft und ist astronomisch nicht eindeutig datierbar!

Abb. 36: Die Mauern von Babylon mit dem Ischtar-Tor

Die Zeit zwischen 66 v. Chr. (letzte berücksichtigte babylonische Finsternis) bis 434 (erste chinesische Finsternis) stellt also eine ziemlich gewaltige Lücke von 500 Jahren dar. Diese Zeit enthält nur zwei Finsternisse, die dazu auch noch mit dem dubiosen Ptolemäus verknüpft sind, in den Jahren 125 (Mondfinsternis) sowie und 364 (die bereits erwähnte Sonnenfinsternis).

Eine weitere längere Lücke gibt es zwischen 702 und 829, zwischen chinesischen und arabischen Finsternissen. Davon stammen bei den chinesischen die letzten drei um 700 auch noch aus der Tang-Dynastie (618-907), für deren Zeit nachgewiesen ist, dass ein Großteil der überlieferten Berichte zu Finsternissen nur Berechnungen darstellen können, aber keine tatsächlichen Beobachtungen [Stephenson 1997, S. 246]. Ansonsten wäre in China schon 596 Schluss und die zweite Lücke mit dann 233 Jahren noch deutlich größer.

Abb. 37: Kamelreiter (Keramik aus der chinesischen Tang-Dynastie)

Ein Beispiel

Als Beispiel für die Vorgehensweise bei der Ermittlung des Delta-T-Wertes für eine konkrete Finsternis wird Bezug genommen auf die Sonnenfinsternis am 16. 12. 586 [Stephenson 1997, S. 288], beobachtet in Ta-hsing Ch´eng (in der heutigen Provinz Shandong) in China.

Im Bericht steht:

„In der Regierungszeit von K´ai-huang, im 6. Jahr, im 10. Monat, am 30. Tag tin-ch´ou ... Es wurde während der Beobachtungen gesehen, dass, als die Sonne aufging, 1 chang (d.h., ungefähr 10 Grad) über dem Gebirge, sie sich zu verfinstern begann; [das war] 2 Striche in der Stunde des ch´en. Die Verfinsterung begann von Westen; sie war zu zwei Dritteln verfinstert ...“

Daraus leitet Stephenson die Ortszeit des ersten Kontaktes (Beginn der Finsternis) von 7.60 Uhr ab. Diese Ortszeit der Beobachtung rechnet er in die Universalzeit des Nullmeridians von 0.35 Uhr um. Mit den üblichen Formeln für die Berechnung der Finsternis (also ohne jedes Delta-T) hatte er für diese Finsternis eine Zeit (Terrestrische Zeit) von 1.37 Uhr herausbekommen. Es liegt also eine Differenz von 3650 Sekunden zur beobachteten (in Universalzeit umgerechneten) Zeit vor. Das ist Delta T.

Für andere Finsternisse liegen auch Zeiten des Maximums und/oder des Endes vor. Die Zusammenfassung von der ersten bis zur letzten erfassten chinesischen Sonnenfinsternis (586-1277) ergibt dann die Delta-T-Werte nach Grafik 5 [nach Stephenson 1997, S. 296/297].

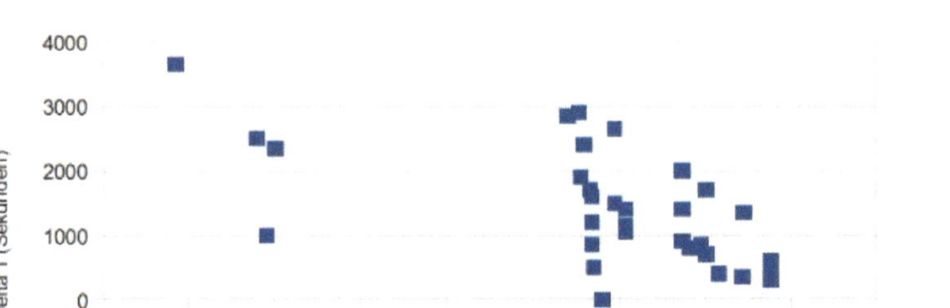

Grafik 5: Delta-T-Werte, abgeleitet von chinesischen Sonnenfinsternissen

Z. B. ergeben sich für Sonenfinsternis-Berichte der Zeit um 1100 Delta-T-Werte zwischen -1000 und 2900 Sekunden. Alles ist möglich!

Auch zu anderen Zeiten sieht das nicht viel besser aus, wenn es viele Beobachtungswerte gibt. Jeder möge selbst entscheiden, wie signifikant einzelne hohe oder geringe Werte (oder überhaupt irgendein Wert) bei nur wenigen Finsternis-Berichten oder nur einem einzigen für mehrere Jahrhunderte sind, wie dies bei Stephensons Delta-T-Werten mit jahrhundertelangen Lücken häufig vorkommt.

Die Antwort ist aber eigentlich klar. Die Ergebnisse sind nicht signifikant, womit die Aussagekraft der ermittelten Delta-T-Werte über viele Jahrhunderte hinweg gleich Null ist.

Die erste und zweite Ableitung von Delta T

Aus solchen einzelnen Bruchstücken (siehe Grafik 4) setzen dann Stephenson und mit ihm die NASA die Delta-T-Kurve zusammen (Grafik 6), wobei noch Finsternis-Berichte ohne konkrete Zeitangaben berücksichtigt werden, für die die ermittelten Delta-T-Werte naturgemäß eine große Von-Bis-Spanne haben und mehrdeutig sein können.

Diese Kurve (bzw. die sie beschreibenden Gleichungen) fließt in die Finsternis-Berechnungen der NASA ein, also für beliebige Finsternisse des betreffenden Zeitraums. Auf Übersichtskarten (siehe z.B. Abbildung 33) wird die Delta-T-Korrektur jedoch vermerkt.

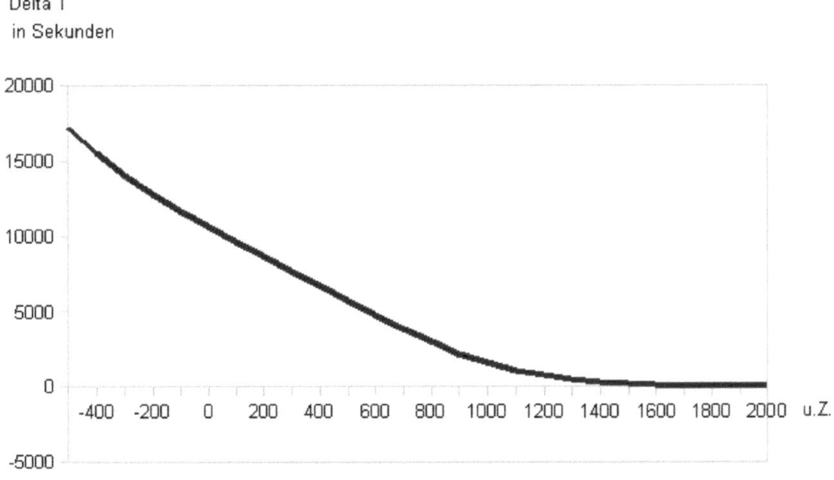

Grafik 6: Der Verlauf von Delta T von 500 v. Chr. bis zur Gegenwart. Man kann sehr gut sehen, dass die Kurve vor 1600 völlig anders verläuft als danach.

Diese Kurve ergibt sich also ausschließlich aufgrund der überlieferten (ohne Beweis für echt gehaltenen) Finsternis-Berichte, deren chronologischer Einordnung nach offizieller Geschichte und deren wissenschaftlich fragwürdiger Interpretation. Sie passt zwar für einen Teil, aber längst nicht für alle überlieferten Finsternis-Berichte.

Abb. 38: Arabisches Manuskript von Ibn Yunus aus dem Jahre 1005 mit der Berichten der Beobachtungen von zwei Sonnen- und zwei Mondfinsternissen

Ich möchte nun die Aufmerksamkeit auf die Analyse der *Veränderung* von Delta-T richten.

Da gibt es zwei bemerkenswerte Punkte:

1) Die Veränderung von Delta T je Jahrhundert hat im Zeitraum von 0-700 n. Chr. praktisch den gleichen Wert, abweichend von den Jahrhunderten zuvor und danach (siehe Grafik 7).

und vor allem:

2) Für die etwa gleiche Zeit von ca. 700 Jahren nimmt die Veränderung der Veränderung von Delta T je Jahrhundert ("Beschleunigung") im Zeitraum vom Beginn des 5. Jahrhunderts bis etwa 1100 n. Chr. ab und nicht zu, anders als vorher und nachher (siehe Grafik 8).

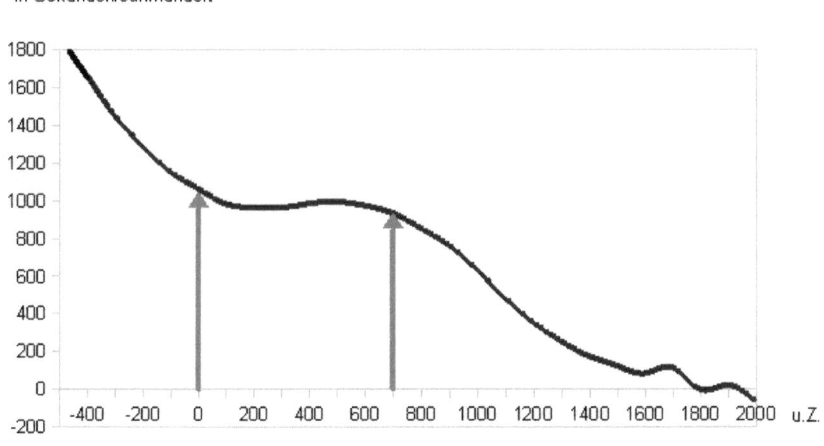

Grafik 7: Die Veränderung von Delta in Sekunden/Jahrhundert. Man erkennt Wendepunkte zu Beginn unserer Zeitrechnung und etwa um 700.

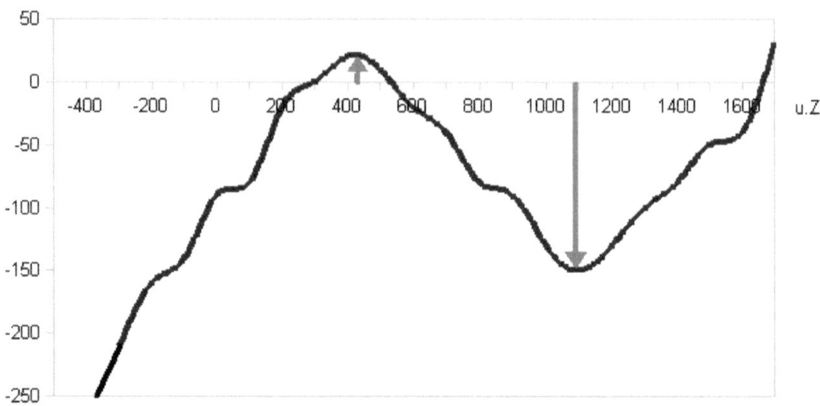

Grafik 8: Die Veränderung ("Beschleunigung") von Delta in Sekunden/ Jahrhundert². Man erkennt Wendepunkte im 5. Jahrhundert und um 1100.

Daraus kann man schließen, dass die Berichte über Finsternisse für die Zeiten

1. vor dem Beginn der christlichen Zeitrechnung und danach,

2. der Zeit vor und nach etwa 700, und

3. des 5. - 11. Jahrhunderts n. Chr., und davor und danach

unterschiedlich entstanden sind. Das dies auch tatsächlich im geographischen Sinne weitgehend so ist, habe ich oben mit der Analyse der Herkunft der Finsternis-Berichte gezeigt. Dies reicht jedoch nicht aus, um diese Anomalien zu erklären.

Die Wendepunkte entsprechen natürlich auch in etwa den Wendepunkten in Robert R. Newtons Kurve von D″ der Elongation des Mondes, da die Quellen dafür weitgehend identisch sind: die Finsternis-Berichte [Newton 1970 und 1972].

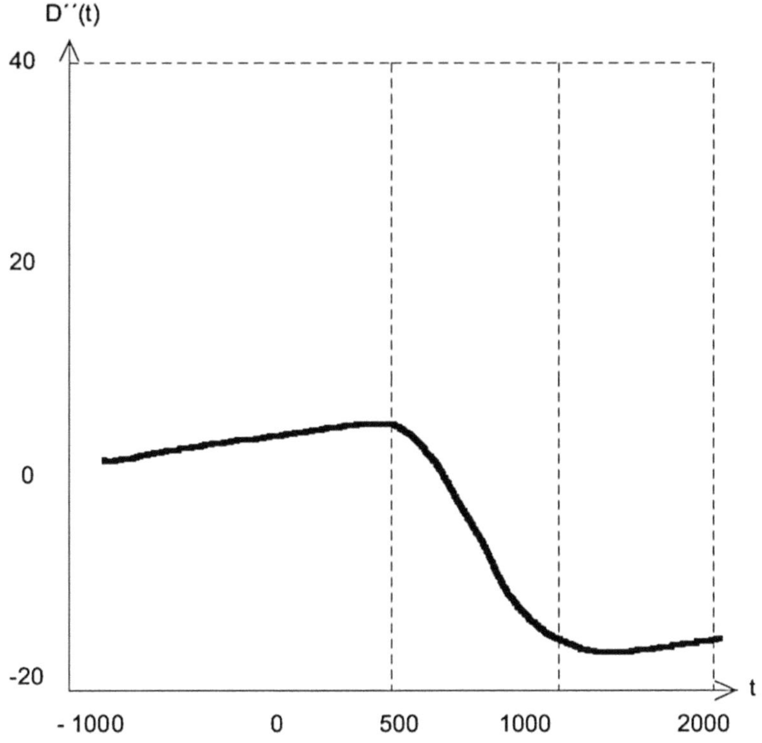

Grafik 9: Der D″ Graph der Elongation (Winkelabstand) des Mondes, berechnet von Robert R. Newton. Der Parameter D″ ist hier Sekunden/Jahrhundert². Der Parameter D″ weist hier Sprünge um das Jahr 500 und um das Jahr 1100 auf, ähnlich wie Delta T″ (Grafik nach [Fomenko 2003, S. 94]).

Newton kommt nicht umhin, auf das Wirken bislang unbekannter Kräfte zu schließen.

Unzicker ist wohl nicht der einzige Physiker, der hier *"eine Anomalie der Gravitationskonstanten oder gar im Zeitablauf"* vermutet [Unzicker 2010, S. 82].

Mit letzterem hat er sicherlich recht. Allerdings geht es nicht um die physikalische Zeit, sondern um die vom Menschen konstruierte Chronologie.

Es gibt drei Möglichkeiten:

1. Es gibt bislang noch unbekannte physikalische Kräfte, die zu den Anomalien geführt haben,

2. Die heutigen physikalischen Gesetze galten in der entfernten Vergangenheit nicht,

3. Die offizielle Chronologie ist falsch und 1. und 2. treffen nicht zu.

Mein diesbezüglicher Vorschlag zur chronologischen Einordnung der überlieferten Finsternis-Berichte, der diesem Kapitel folgt, geht von Möglichkeit 3 aus.

Alle anderen bisher geäußerten Vorschläge, z.B. der offiziellen Geschichte oder auch einiger alternativer Autoren, gehen von Möglichkeit 1 oder 2 aus.

Bewertung von Stephensons Werk

Es ist emblematisch, dass Stephenson gerade an der Universität von Durham lehrte und forschte, an dem Ort, wo sich das Grab von Beda Venerabilis (672/73-735) befindet.

Abb. 39: Die Kathedrale von Durham. Dort befindet sich das Grab von Beda Venerabilis.

Dieser hatte in seiner "Kirchengeschichte des englischen Volkes" (Historia ecclesiastica gentis Anglorum) als praktisch erster die Anno-Domini-Jahreszählung durchgehend verwendet.

Als Begründer der christlichen Zeitrechnung gilt der Mönch Dionysius Exiguus (ca. 470 – ca. 540), der ab etwa dem Jahre 500 in Rom lebte. Dieser berechnete zukünftige Daten des Osterfestes und fertigte eine Tabelle mit den Osterdaten an, die Ostertabellen seiner Vorgänger fortsetzte. Darin bezeichnete er ab dem Jahr 248 der Diokletian-Ära (nach dem römischen Kaiser Diokletian, 284 n. Chr.) die Jahre als "Anni Domini Nostri Jesu Christi" (Jahre unseres Herrn Jesus Christus). Das Jahr 248 der Diokletian-Ära entspricht also nach ihm dem Jahr 532 Anno Domini, der christlichen Zeitrechnung (Näheres dazu im Buch des Autors *Die wohlkonstruierte Chronologie"*).

Stephensons Forschungsauftrag scheint darin zu bestehen, gerade diese Anno-Domini-Jahreszählung nach heutigen wissenschaftlichen Maßstäben zu bestätigen.

Die Arbeiten von Robert Newton aus den 1970er Jahren hatten eher das Gegenteil belegt, wenn man nicht bereit war, "unbekannte physikalische Kräfte" zu akzeptieren.

Dieser Versuch der Bestätigung der offiziellen Chronologie ist Stephenson aber gründlich misslungen, wie ich gezeigt habe. Robert Newton lag richtig.

Doch solche Methoden sind nichts Neues. A. Demandt bemerkt z. B. dazu:

"In der älteren Literatur hat vor allem Zech 1853 unhaltbare astronomische Anomalien postuliert, um dubiose Quellenangaben zu retten." [Demandt, S. 470]

Nach den Forschungen von E. Johnson [Johnson 1894 und 1904] muss die englische Geschichte bis in die Zeit von König Heinrich VIII. (1491-1547) gefälscht sein. Den Zeitraum von etwa 700-1400, also fast das gesamte Mittelalter, sah er als eine spätere Erfindung christlicher Chronisten und Geschichtsschreiber an, gefüllt mit fiktiven Personen und Ereignissen. Die Schriften, die dieser Zeit zugeordnet werden, so auch die von Beda Venerabilis, entstanden nach Johnson erst in der Tudor-Zeit im 16. Jahrhundert.

Bedas Grab in der Kathedrale von Durham existiert in seiner jetzigen Form erst seit 1541. Zu dieser Zeit war Heinrich VIII. aus der Tudor-Dynastie König von England, nach Johnson der maßgebliche Verantwortliche dieser Fälschungsaktion.

Bedas Gebeine waren im 11. Jahrhundert vom Kloster Jarrow, wo er wirkte und auch gestorben war, in die Kathedrale von Durham überführt worden. 1370 wurde ein wertvoller Schrein in der Galilee Chapel errichtet, wo seine Gebeine ihre letzte Ruhestätte finden sollten. Dieser Schrein wurde jedoch 1541 zerstört. Daraufhin wurde ein neues Grab in der Galilee Chapel der Kathedrale von Durham errichtet. So die offizielle Geschichte ...

Abb. 40: Das Grab von Beda Venerabilis in der Kathedrale von Durham

Eine Alternativdatierung der Finsternisse

Probleme einer Alternativdatierung

Abgesehen von Starkes (und auch Herrmanns und Krojers) grundsätzlichem Fehler mit Delta T könnte er nur dann überzeugen, wenn die von ihm gefundenen Finsternisse die einzig möglichen wären.

Nun gibt es bekanntermaßen bereits zwei namhafte Versuche, andere Lösungen für diese Zuordnung mit einer relativ konstanten Differenz zur offiziellen Chronologie zu finden. Dies sind zum einen H.-E. Korth mit ca. 300 Jahren [Korth 2013, S. 155 f., siehe auch Korth 2007] und Z. Hunnivari mit ca. 190 Jahren [Hunnivari].

Beide übernehmen allerdings ebenso wie Starke die naturwissenschaftlich unbegründeten Delta-T-Werte der offiziellen Geschichte.

Morosows und Fomenkos Arbeiten zielten nicht auf relativ konstante Differenzen ab, sondern auf eine möglichst gute Übereinstimmung in der gesamten geschichtlich relevanten Zeit.

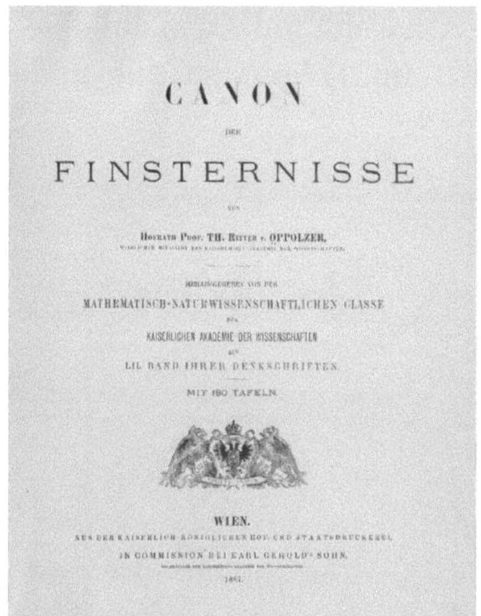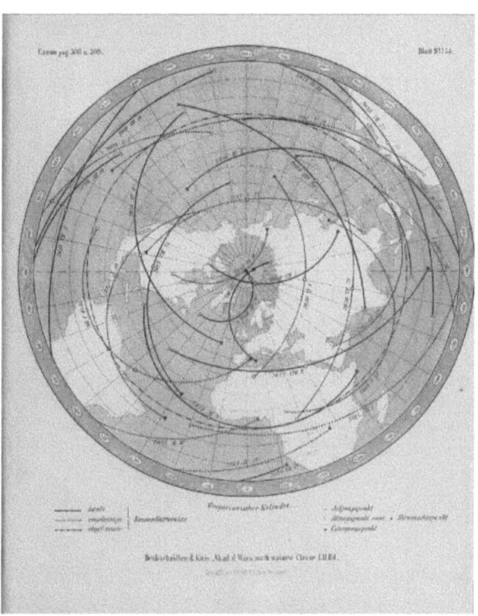

Abb. 41 & 42: Der "Canon der Finsternisse" von Theodor Ooppolzer (1841-1886) umfasst die Berechnung von etwa 8000 Sonnen- und über 5000 Mondfinsternissen zwischen 1208 v. Chr. und 2163 n. Chr. Das Werk enthält neben einer Beschreibung des Rechenweges die wesentlichen Parameter jeder Sonnenfinsternis sowie eine grafische Darstellung des Totalitätspfades auf der Erdoberfläche. Rechts eine Karte der Sonnenfinsternisse von 2008-2030. Heutzutage kann man Finsternisse mit Software berechnen oder auf der NASA-Website nachschlagen.

Es ist aber unmöglich, die Ergebnisse von Korth und Hunnivari, oder Morosow und Fomenko, mit denen von Starke zu vergleichen, da die von jedem als Nachweis für seine bevorzugte Differenz angeführten Finsternisse nur Teilmengen aller antiken Berichte dazu sind, die sich nur teilweise überschneiden.

Allerdings ist Starke der einzige, der eine fundierte Begründung für seine Auswahl liefert. Diese Argumentation halte ich, mit Ausnahme von Ptolemäus, für weitgehend nachvollziehbar. Daher soll diese Auswahl, mit Ausnahme der Finsternisse von Ptolemäus, auch im Folgenden zugrunde gelegt werden.

Abb. 43: Claudius Ptolemäus (ca. 100-170), griechischer Wissenschaftler aus Ägypten, geführt von Urania, der Muse der Astronomie. Auf ihn wird später in einem gesonderten Kapitel näher eingegangen.

Der Fälschungsvorwurf kam bereits in der Frühen Neuzeit auf und wurde von Newton [Newton 1977] und Fomenko [Fomenko 2003] wissenschaftlich nachgewiesen. Auch Ginzel behandelt die Finsternisse des Ptolemäus als Sonderfall [Ginzel 1906]. Demandt folgt ihm dabei [Demandt 1970]. Daher wird dies auch hier so gehalten.

Mit der im Folgenden vorgestellten Lösung stellt der Autor nicht den Anspruch, "die" Lösung gefunden zu haben. Sie ist aber ausreichend, um Starkes Falsifikationsversuch der Chronologiekritik zu widerlegen, insbesondere für die antiken römischen Finsternisse.

Allerdings ist der Autor aber schon der Auffassung, dass es keine andere so einfache Lösung gibt, die vollständig alle (auch von Vertretern der offiziell gültigen Chronologie-Version, z.B. Starke) für Zwecke der Überprüfung der Chronologie als geeignet erachteten Finsternisse umfasst.

Diese Lösung verzichtet auf die willkürliche Annahme naturwissenschaftlich unbegründeter Veränderungen des Delta-T-Wertes im Laufe der Vergangenheit. Der Autor geht davon aus, dass die Delta-T-Werte der entfernten Vergangenheit in Antike und Mittelalter nur in etwa dem gleichen geringen Maße schwanken wie in den letzten Jahrhunderten präziser astronomischer Beobachtungen. Es ist nämlich kein Grund ersichtlich, etwas anderes anzunehmen.

Damit verschwinden die Anomalien, die nur durch die falsche Zuordnung der Finsternis-Berichte entstehen, die eine Folge der falschen Chronologie ist.

Die Alternativdatierung der Finsternisse

Es gibt dabei konstante Differenzen der Finsternisse zur offiziellen Lösung wie folgt:

a) antike griechische Finsternisse: 1120-1123 Jahre

b) antike römische Finsternisse bis zum Ende des 4. Jahrhundert: 781 Jahre

c) Finsternisse vom 5. - 6. Jahrhundert: 521 Jahre

Dazu ergänzend:

d) Finsternisse des Ptolemäus: 1142 Jahre (siehe antike griechische Finsternisse)

e) babylonische Finsternisse (Keilschrifttafeln): 1135 Jahre, Ausnahmen bis 1121 Jahre (siehe antike griechische Finsternisse)

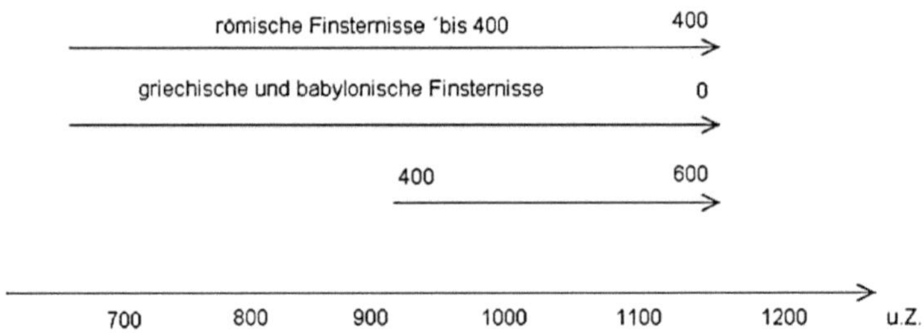

Grafik 10: Die schematische Einordnung der Finsternisse in der Chronologie. Ganz unten zeigt der Zeitstrahl unsere Zeitrechnung. Die oberen Pfeile sind mit den Jahreszahlen beschriftet, die den entsprechenden Finsternissen derzeit nach offizieller Geschichte zugeordnet werden.

Erstaunliche Übereinstimmungen

Bei dieser Einordnung der Finsternisse gibt es erstaunliche Übereinstimmungen:

1.) Die zuverlässigen arabischen Finsternis-Berichte datieren vom 9.-11. Jahrhundert n. Chr., und setzen somit kurz vor den Finsternis-Berichten Chinas und Europas ein, die nach offizieller Geschichte der Zeit ab dem 5. Jahrhundert zugeordnet sind (in Grafik 10 der Pfeil "400-600").

2.) Die babylonischen Finsternis-Berichte, die auf Keilschrifttafeln überliefert sind, haben in der Masse ebenfalls ihren Schwerpunkt in derselben Zeit, laut offizieller Geschichte in den ersten vorchristlichen Jahrhunderten.

3.) Auch die römischen Finsternis-Berichte, die heute falsch vor dem Ende des 4. Jahrhundert datiert werden, fallen in dieselbe Zeit.

4.) Genau ab dem 12. Jahrhundert ist auch eine große Anzahl zuverlässiger mittelalterlicher Finsternis-Berichte aus Europa überliefert, im Unterschied zu vorher [siehe Stephenson 1997].

Abb. 44: Zisterzienser-Kloster aus dem 12. Jahrhundert (Notre-Dame de Sénanque)

Bereits erfolgte Alternativdatierung der Maya-Finsternisse

Eine überzeugende Alternativdatierung für die überlieferten Finsternis-Berichte der Maya-Kultur hat bereits A.L. Vollemaere vorgenommen [Vollemaere 2012]. Er hat nachgewiesen, dass diese Finsternisse 521 Jahre später besser mit den Quellen übereinstimmen als nach offizieller Geschichte.

Damit konnte er die auffällige Lücke zwischen dem Untergang der Maya-Kultur im angeblichen 10. Jahrhundert und der Ankunft der Spanier in Amerika um 1500 schließen. In der Zwischenzeit sollen angeblich keine Dokumente oder Monumente erstellt worden sein; trotzdem waren die dortigen Archive gefüllt und die Bevölkerung konnte die Hieroglyphen noch schreiben.

Abb. 45: Malinche und Hernán Cortés. Mexikanische Handschrift aus dem 16. Jh.

Die Finsternis-Berichte der Maya stammen demnach aus der selben Zeit wie die in der Alten Welt angefertigten laut Grafik 10 und später bis ins 15. Jahrhundert.

Wiederanknüpfen an die griechisch-römische Antike

Wenn mit diesen Finsternissen tatsächliche historische Ereignisse verknüpft sind, dann bedeutet das: Bei der Erstellung der heute gültigen Chronologie wurden in Wirklichkeit parallele Geschichtsabläufe hintereinander angeordnet. Die offizielle Geschichte stellt also in verschiedenen Kulturkreisen (und in verschiedenen Zeitrechnungen überlieferte) gleichzeitig abgelaufene Geschichte fälschlicherweise nacheinander dar.

Genau im 12. Jahrhundert setzt auch im nichtgriechischen und nichtarabischen Europa die Rezeption der griechischen Antike in Literatur und Wissenschaft ein, z.B.:

1.) Alexander-Roman, Troja-Roman usw.

2.) Euklids "Elemente", das bis ins 19. Jahrhundert verbreitetste wissenschaftliche Buch überhaupt (und nach der Bibel auch die Nr. 2 insgesamt)

3.) Archimedes "De mensura circuli"

4.) Ptolemäus "Almagest"

5.) Platon wird außer dem "Timaios" erst nach dem 12. Jahrhundert bekannt

6.)   Aristoteles ist vollständig erst Ende des 13. Jahrhundert aus dem Griechischen übersetzt

Abb. 46: Illustration aus einer mittelalterlichen Handschrift des Alexander-Romans, im 12. Jahrhundert "wiederentdeckt"

Abb. 47: Illustration aus einer mittelalterlichen Handschrift des Troja-Romans, im 12. Jahrhundert "wiederentdeckt"

Abb. 48: Der griechische Philosoph Aristoteles
mit seinem Schüler Alexander, dem späteren Großen

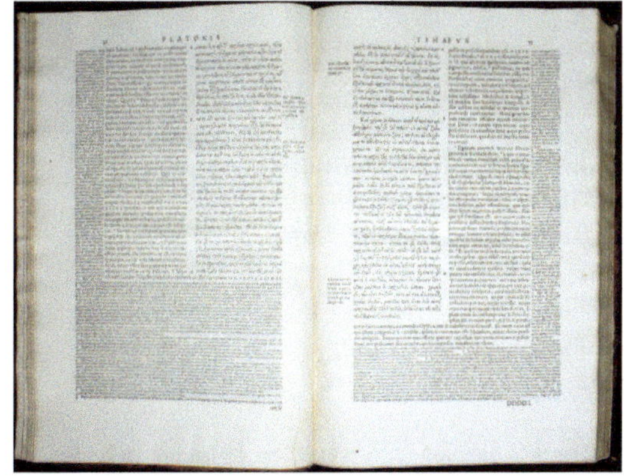

Abb. 49 (links): Euklids "Elemente" und Abb. 50 (rechts): Platons "Timaios"

Wandel im 12./13. Jahrhundert

Ohne dies an dieser Stelle schon detailliert auszuführen, gibt es auch in anderen Bereichen (Baugeschichte, Musikgeschichte, Genealogie usw.) im 12./13. Jahrhundert einen Wandel bzw. ein Anknüpfen an die sogenannte Antike. Z. B.:

"Während die Tradition des Backsteinbaus in Italien seit den Römern ungebrochen fortgesetzt wurde, verschwand der Backstein in Nordeuropa mit dem Ende des Römischen Reichs völlig. Er wurde im 12. Jahrhundert durch Mönche wieder eingeführt [...]"

"Die Unterscheidung der alten griechischen und byzantinischen Musik ist praktisch unmöglich, weil nur im 13. Jh. erste Unterschiede entstehen. (Wir würden sagen: die altgriechische Musik ist die byzantinische Musik vor dem 13. Jahrhundert.)" [Herzmann 2004 zitiert von Gabowitsch 2007]

Abb. 51: Die im Mittelalter als Väter der Musik verstandenen Boëthius (links) und Pythagoras (rechts) streiten um die "Definition" der Musik mit arithmetischen Mitteln, im Hintergrund Frau Arithmetica.

"Sicher ist aber, dass sich der deutsche Hochadel etwa um 1200 völlig neu konstituiert hat, und dass es in Deutschland niemand gibt, der mit Karl dem Großen, Otto dem Großen, Heinrich dem IV, ja nicht einmal mit Friedrich Barbarossa verwandt zu sein glaubt.

[...]

All diese Adelsgeschlechter verschwinden vollständig aus der Geschichte, um im 12. Jahrhundert den um Sachsen und Bayern kämpfenden Welfen, Habsburgern, Hohenzollern, sächsischen Wettinern, Wittelsbachern, Anhaltern, Badenern und Reussen Platz zu machen. " [Davidson 2002, S.146]

Diese und weitere Erkenntnisse sind kompatibel zu den Ergebnissen des Autors in *"Die wohlstrukturierte Geschichte"* [Arndt 2015]. Damit wurde die Konstruktion der Abfolge der Herrscher des christlichen, europäischen Mittelalters bewiesen und damit die Fiktivität eines großen Teils von ihnen, insbesondere in der Art ihrer zeitlichen und räumlichen Anordnung.

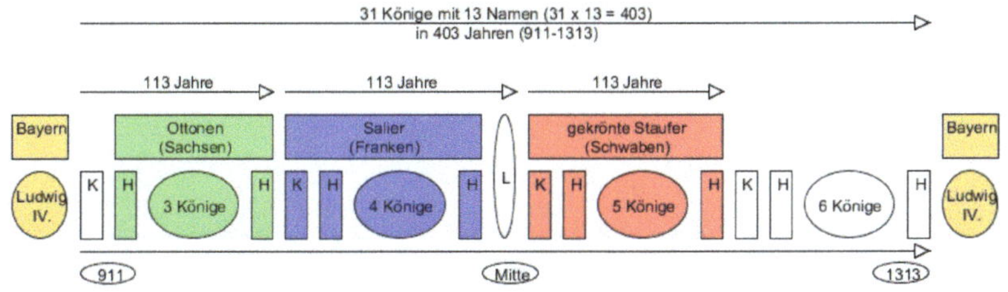

Grafik 11: Das artifizielle System der römisch-deutschen Könige von 911-1313, aus dem Buch des Autors *"Die wohlstrukturierte Geschichte"*

Die traditionelle Vorgehensweise, diese Herrscher als Referenz für geschichtliche Abläufe zu verwenden, ihnen also Reverenz zu erweisen, ist damit überwunden.

Entweder setzt hier der tatsächliche Übergang von der sogenannten Antike ins sogenannte Mittelalter ein oder/und mitttelalterliche Geschichte ist für einen gewissen Zeitraum (insoweit es nicht die Geschichte der Herrscher betrifft) mit antiker Geschichte überlagert und wurde erst später getrennt.

Abb. 52: Europa im Jahre 1190

Römische Finsternisse bis zum Ende des 4. Jahrhunderts

Alternativdatierung der zuverlässigen Finsternis-Berichte

Wir beginnen jetzt die konkrete Alternativdatierung für die in der Liste von Starke enthaltenen Sonnen- und Mondfinsternisse [Starke 2013].

Alle 16 in der Liste von Starke enthaltenen römischen Finsternisse weisen bis zum Ende des 4. Jh. eine konstante Differenz von ca. 781 Jahren auf (davon 781 Jahre: 12, 780 Jahre: 2, 779 Jahre: 1, 783 Jahre: 1).

Für die auf den Tag genau überlieferten Sonnenfinsternisse gibt es eine zusätzliche Differenz von 5-7 Tagen, die erklärungsbedürftig ist. 6 Tage ist die Differenz des Frühjahrsäquinoktiums in 781 Jahren. 7 Tage könnte man überspringen, ohne dass sich der Wochentag ändert, womit für die Gregorianische Kalenderreform (1582) anstatt 10 nur noch 3 Tage übrigblieben (entsprechend der Verschiebung des Frühjahrsäquinoktiums vom 12. Jahrhundert bis ins 16. Jahrhundert). Dies wird in einer späteren Untersuchung näher analysiert werden.

Abb. 53: Roms Gründungsmythos: *Die kapitolinische Wölfin säugt Romulus und Remus*, 13. Jahrhundert. Die beiden Knaben stammen aus dem 15. Jahrhundert.

Darüber hinaus gibt es eine Reihe weiterer römischer Finsternisse im Abstand von von ca. 781 Jahren zur offiziellen Datierung (alle aus [Gautschy]).

Interessanterweise finden sich auch Lösungen mit einer Differenz von 7-8 Tagen zum überlieferten Datum für die in Kommentaren zu Ptolemäus´ Almagest aufgeführten Sonnenfinsternisse von Pappus und Theon. Die Differenz ist hier 827 Jahre und 7/8 Tage. Dies sind 43 Jahre Abweichung von 784.

Abb. 54: Das Römische Reich zur Zeit von Kaiser Trajan, ca. 117

Im Unterschied zu allen anderen Finsternissen sind die Daten hier nach der Nabonasser-Ära überliefert (Beginn -746 = 747 v. Chr.), die von Ptolemäus eingeführt worden sein soll. Dadurch könnte diese Differenz entstanden sein. Die genauen Lebensdaten von Pappus und Theon sind nicht überliefert, und auch ansonsten nicht viel über ihr Leben, so dass es passt.

Als Ergänzung - und Abschluss der weströmischen Antike mit der praktischen Vernichtung des West-Heeres - füge ich den römischen Finsternissen die im Westen des Reiches und im Mittelmeerraum totale Sonnenfinsternis des Heiden Zosimus von der Schlacht am Frigidus bei [siehe u.a. Demandt 1970].

Abb. 55: Darstellung der Schlacht am Frigidus im Jahre 394 von 1689

Überliefert ist diese am 5./6. 9. 394. Die offizielle Geschichte hat nichts Passendes zu bieten und datiert die Sonnenfinsternis auf den 20. 11. 393. Meine alternative Datierung ist der 13. 9. 1178, mit einer Differenz von 784 Jahren und 7/8 Tagen.

Nach der Tabelle folgen die Texte der Quellen in deutscher Übersetzung sowie Karten mit den Pfaden der Sonnen- und Mondfinsternisse auf der Erdoberfläche nach den Berechnungen der NASA-Website (Public Domain).

Bericht	Ereignis	Datierung	Rück-rechnung	Alternative Datierung	Differenz in Jahren
Cicero	MoFi	-62	3. 5. -62	2. 11. 719	781
C. Dio	SoFi	5	28. 3. 5	3. 4. 786	781
Phlegon	SoFi	32/33	14. 11. 29	30. 11. 810	781
C. Dio	SoFi	1. 8. 45	1. 8. 45	7. 8. 826	781 + 6 Tage
A. Victor	MoFi	47	1. 1. 47	6. 1. 828	781
Plinius	SoFi	30. 4. 59	30 .4. 59	5. 5. 840	781 + 5 Tage
Plinius	SoFi + MoFi	71; 15 Tage Abstand	4. 3. 71 20. 3. 71	9. 3. 852 24. 3. 852	781
Fast. Vind.	SoFi	118	3. 9. 118	23. 1. 901	783
C. Dio	SoFi	218-222	7. 10. 218	7. 4. 1000	781
Hist. Aug.	SoFi	240	5. 8. 240	11. 8. 1021	781
Cons. Const.	SoFi	291?	4. 5. 292	24. 11. 1071	780
A. Victor	SoFi	317	6. 7. 316	25. 12. 1098	781
Cons. Const.	SoFi	319	6. 5. 319	25. 12. 1098	779
Pappus	SoFi	18. 10. 320	18. 10. 320	26. 10. 1147	827 + 8 Tage
F. Maternus	SoFi	334	17. 7. 334	23. 7. 1115	781
A. Marcellinus	SoFi	360	28. 8. 360	20. 3. 1140	780
Theon	SoFi	16.6.364	16. 6. 364	23. 6. 1191	827 + 7 Tage
Fasti Vind.	SoFi	26./27.10.393	20. 11. 393	26. 11. 1174	781
Zosimus	SoFi	5./6.9.394	20. 11. 393	13. 9. 1178	784 + 7 Tage

Tab. 2: Römische Finsternisse der Antike nach Starke 2013 [S. 251 ff.] bis zum Ende des 4. Jh. mit alternativen Datierungen. Bei der Kombination SoFi + MoFi von Plinius ergibt sich bei der alternativen Datierung des Autors tatsächlich ein Abstand von 15 Tagen entsprechend der Quelle, was bei der Datierung der offiziellen Geschichte nicht der Fall ist. Zusätzlich ist noch die Sonnenfinsternis des Zosimus (Schlacht am Frigidus) aufgeführt. Rückrechnungen nach http://eclipse.gsfc.nasa.gov

"So sahst zuerst in deinem Konsulat auch du die fliegenden Bewegungen der Sterne und das bedeutungsschwere Zusammentreffen von Planeten, aufstrahlend in Glut, als du die schneebedeckten Hügel im Albanergebirge zum Opfern besuchtest und mit glückverheißender Milch das Latiner-Fest feiertest, und du sahst Kometen, schimmernd in heller Glut. Und viel Unheil wurde angerichtet in nächtlichem Kampf, dachtest du, weil das Latiner-Fest geradewegs in eine grausige Zeit fiel, als der Mond seine helle Erscheinung in trübem Licht verbarg und plötzlich aus der sternenbesetzten Nacht verschwand."

[Cicero, De Divinatione (Von der Weissagung), I, XVIII]

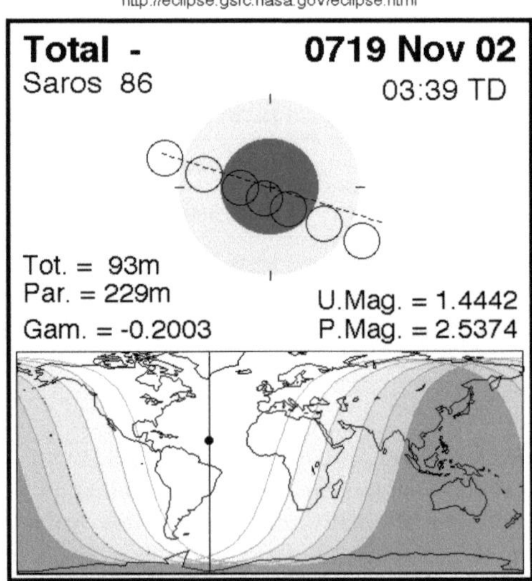

Five Millennium Canon of Lunar Eclipses (Espenak & Meeus)
NASA TP-2009-214172

"Zu dieser Zeit ereigneten sich, als Cornelius und Valerius Messalla das Amt des Konsul bekleideten, heftige Erdbeben, und der Tiber riss die Brücke weg und machte die Stadt sieben Tage lang schiffbar; außerdem kam es zu einer teilweisen Sonnenfinsternis, und eine Hungersnot setzte ein."

[Cassius Dio, Römische Geschichte, LV, 22]

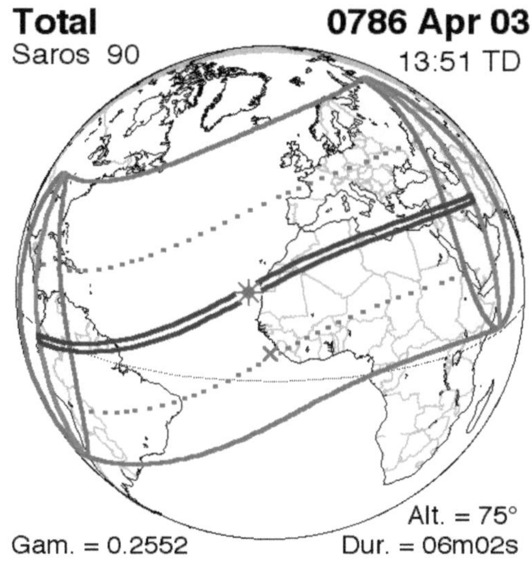

"Im vierten Jahr der 202. Olympiade (AD 32-33), fand eine Sonnenfinsternis statt, die größer war als jede zuvor bekannte, und die Nacht brach zur sechsten Stunde des Tages an, so dass tatsächlich Sterne am Himmel erschienen; und ein großes Erdbeben ereignete sich in Bithynien und zerstörte den größten Teil von Nicäa."

[Phlegon, zitiert von Eusebius, Zitat aus Stephenson 1997, S. 359]

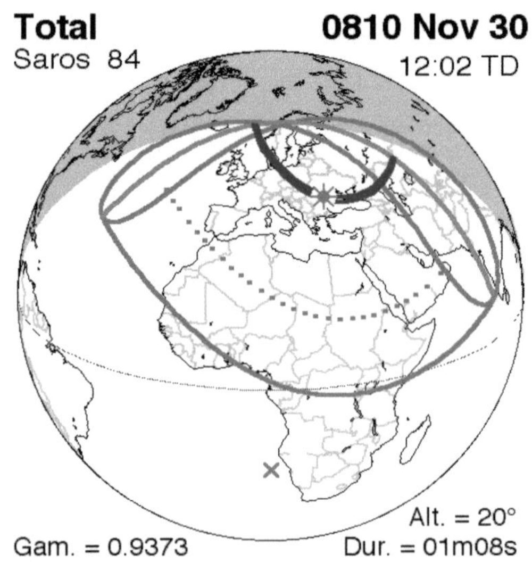

1. 8. 45   **7. 8. 826**

*"Da an seinem Geburtstag [Kaiser Claudius] eine Sonnenfinsternis
stattfinden sollte, befürchtete er, dass es in der Folge zu Störungen
kommen könnte, da einige andere Vorzeichen bereits eingetreten
waren; daher gab er eine Proklamation heraus, in der er nicht nur
die Tatsache, dass es eine Sonnenfinsternis geben sollte, und den
Zeitpunkt und die Dauer der Sonnenfinsternis, sondern auch die
Gründe dafür angab."*

[Cassius Dio, Römische Geschichte, LX 26, 1]

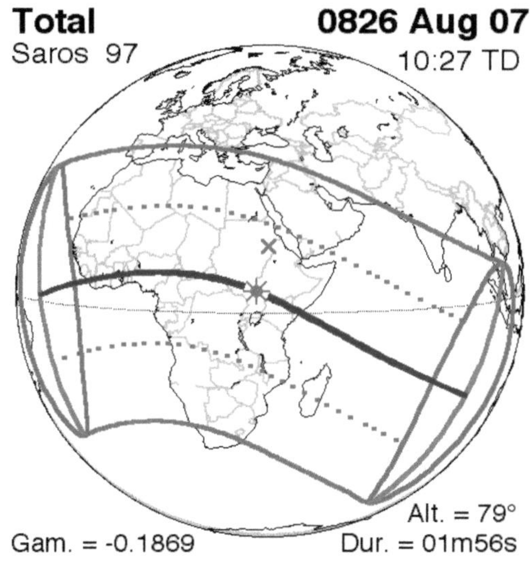

"Im 6. Jahr seiner [Claudius] Regierungszeit von insgesamt 14 Jahren, wurde der 800. Jahrestag der Gründung der Stadt in Rom gefeiert [...] In der Ägäis tauchte plötzlich eine große Insel auf, während einer Nacht, in der er eine Mondfinsternis stattgefunden hatte."

[Aurelius Victor, Caesarenviten 4,12; Zitat aus Starke 2013, S. 177]

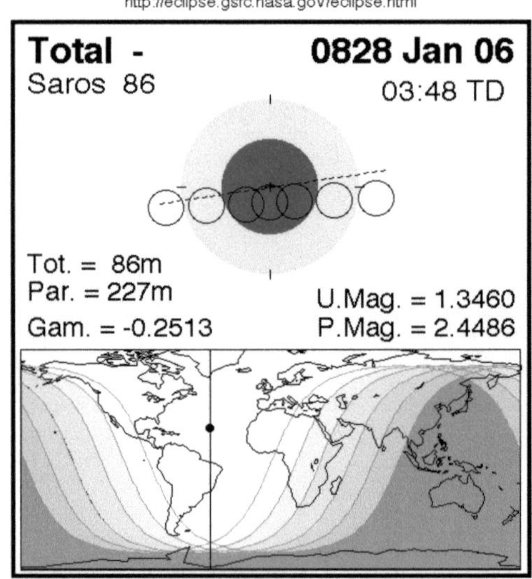

Five Millennium Canon of Lunar Eclipses (Espenak & Meeus)
NASA TP-2009-214172

"Folglich nehmen die Bewohner des Ostens die abendlichen Sonnen- und Mondfinsternisse nicht wahr, ebenso wenig wie die Bewohner des Westens die morgendlichen Finsternisse sehen, während letztere die Finsternisse am Mittag später als wir sehen. Der Sieg Alexanders des Großen soll eine Mondfinsternis bei Arbela um 20 Uhr verursacht haben, während die gleiche Finsternis in Sizilien stattfand, als der Mond gerade aufging. Eine Sonnenfinsternis, die sich am 30. April im Konsulat von Vipsanus und Fonteius vor einigen Jahren ereignete, war in Kampanien zwischen 13.00 und 14.00 Uhr sichtbar, wurde aber vom Kommando Corbulo in Armenien als zwischen 16.00 und 17.00 Uhr beobachtet gemeldet: Dies lag daran, dass die Krümmung des Globus für verschiedene Orte unterschiedliche Phänomene offenbart und verbirgt."

[Plinius, Historia Naturalis (Naturgeschichte) II, LXXII.180]

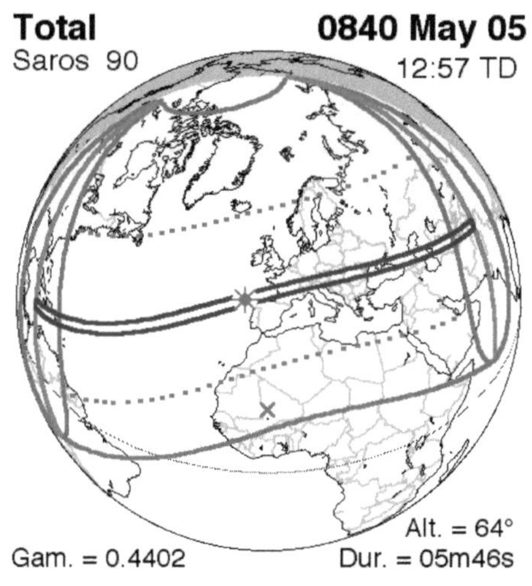

Five Millennium Canon of Solar Eclipses (Espenak & Meeus)

"Dass die Finsternisse nach 223 Monaten in ihrem Kreislauf wiederkehren, ist sicher, ebenso dass eine Sonnenfinsternis nur bei Neumond, was man eine Konjunktion nennt, eine Mondfinsternis aber nur bei Vollmond stattfindet, und zwar immer etwas diesseits von der Stelle, an der die letzte Finsternis stattfand; alljährlich aber treten Verfinsterungen der beiden Gestirne an bestimmten Tagen und Stunden unter der Erde auf; doch kann man diejenigen, die uber ihr entstehen, nicht überall sehen, manchmal wegen der Wolken, häufiger aber, weil die Kugelgestalt der Erde (einer Betrachtung) des Himmelsgewölbes entgegensteht. Seit nahezu zweihundert Jahren weil man, dank dem scharfsinnigen Geiste des Hipparchos, dass eine Mondfinsternis manchmal im fünften, eine Sonnenfinsternis im siebenten Monate nach der vorhergehenden eintritt, dass sich die Sonne in dreißig Tagen zweimal oberhalb der Erde verfinstert, aber nur bald hier, bald dort gesehen wird. Das Wunderbarste aber ist, dass dies dem Mond bald von der westlichen, bald von der östlichen Seite zustößt, da er nach allgemeiner Auffassung durch den Schatten der Erde verfinstert wird. Und wie lässt es sich erklären, dass schon einmal, während beide Gestirne sichtbar über dem Horizont standen, der Mond beim Untergang verfinstert wurde, da der verdunkelnde Schatten beim Sonnenaufgang hätte unter die Erde fallen müssen? Es ereignete sich nämlich in unserer Zeit, als Kaiser Vespasianus, der Vater, zum dritten Mal und der Sohn Titus zum zweiten Mal den Konsulat bekleideten, dass beide Gestirne innerhalb von 15 Tagen hintereinander verfinstert wurden."

[Plinius, Historia Naturalis (Naturgeschichte) II, 56-57, Zitat aus Starke 2013, S. 158/159]

Es ergibt sich bei der alternativen Datierung des Autors tatsächlich ein Abstand von 15 Tagen entsprechend der Quelle, was bei der Datierung der offiziellen Geschichte nicht der Fall ist.

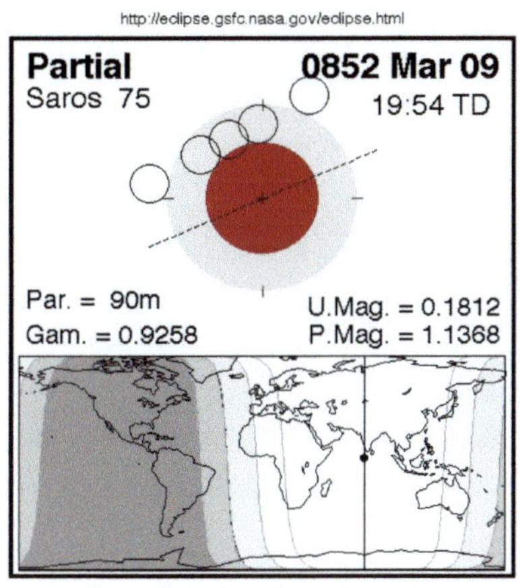

Five Millennium Canon of Lunar Eclipses (Espenak & Meeus)
NASA TP-2009-214172

Five Millennium Canon of Solar Eclipses (Espenak & Meeus)

"118 Hadrian und Salinator. Unter diesen Konsuln fand eine Sonnenfinsternis statt."

[Fasti Vindobonenses, Zitat von Newton 1972, S. 451]

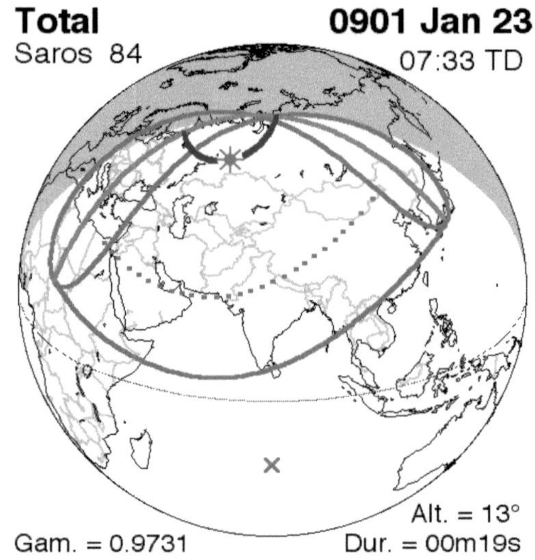

"Es scheint mir, dass auch dies im Voraus so klar angezeigt worden war wie jedes andere Ereignis, das sich jemals ereignet hat. Denn kurz davor [Kaiser Elagabal] ereignete sich eine sehr deutliche Sonnenfinsternis, und der Komet war über einen beträchtlichen Zeitraum zu sehen; auch ein anderer Stern, dessen Schweif sich über mehrere Nächte von West nach Ost erstreckte, beunruhigte uns furchtbar, so dass dieser Homersche Vers immer auf unseren Lippen lag."

[Cassius Dio, LXXIX, 30, 1]

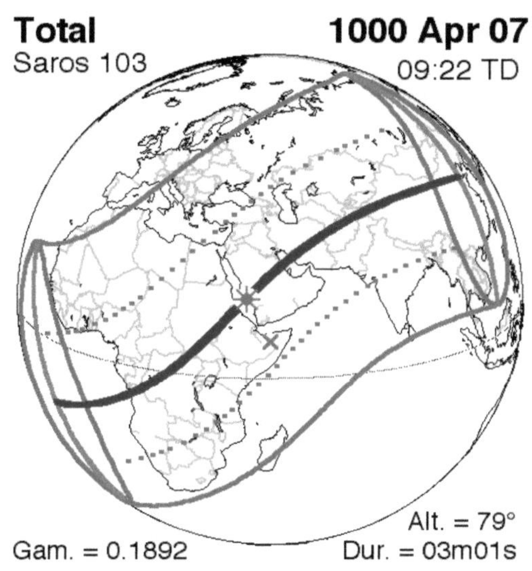

"Und ein Ende der Bürgerkriegsstreitigkeiten wurde erreicht, als der Junge Gordian das Konsulat erhielt. Es gab jedoch ein Omen, dass Gordian nicht lange regieren würde, und zwar folgendes: Es kam zu einer Sonnenfinsternis, die so schwarz war, dass die Menschen dachten, es sei Nacht, und Geschäfte konnten nicht ohne die Hilfe von Laternen abgewickelt werden."

[Historia Augusta, Vol. II, London 1921, p. 422, zitiert nach Gautschy, S. 15]

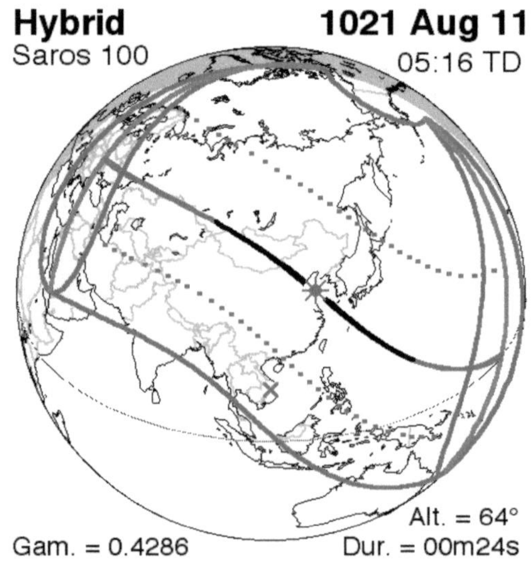

"Tiberianus und Dione waren-Konsuln.

1. Unter diesen Konsuln herrschte mitten am Tag Dunkelheit,

2. und in diesem Jahr wurden Constantius und Maximinus auf den Kalenden des März zu Caesaren erhoben.

[Consularia Constantinopolitana, ed. Mommsen, MGH Chronica Minora Vol. I, München 1981, p. 230, zitiert nach Gautschy, S. 15]

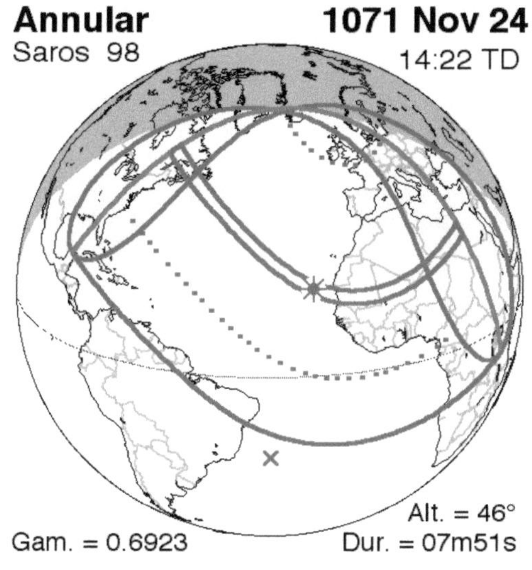

"Licinius führte Folterungen durch [..] In der Tat wurde klargestellt, dass dies wohl kaum eine dauerhafte Übereinkunft sein würde oder für die Adoptierten günstig sein würde, da in denselben Monaten das Tageslicht durch eine Sonnenfinsternis ausgelöscht wurde."

[Aurelius Victor, De Caesaribus, 41.5-8]

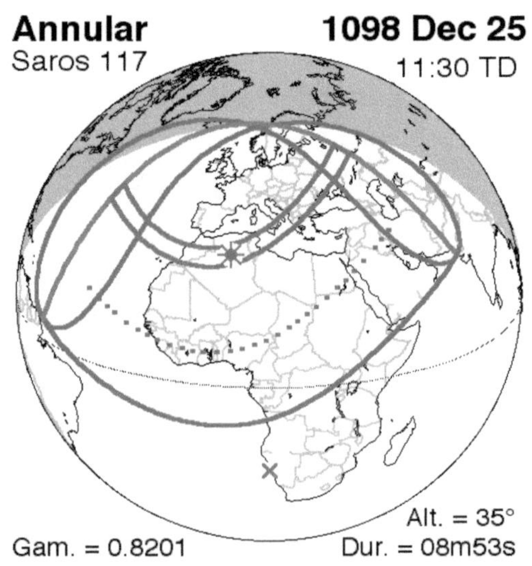

"Licinio V und Crispo Caesars

1. Unter diesen Konsuln herrschte in der 9. Stunde des Tages Dunkelheit."

[Consularia Constantinopolitana, ed. Mommsen, MGH Chronica Minora Vol. I, München 1981, p. 232, zitiert nach Gautschy, S. 16]

Dies ist dieselbe Sonnenfinsternis wie die von "317".

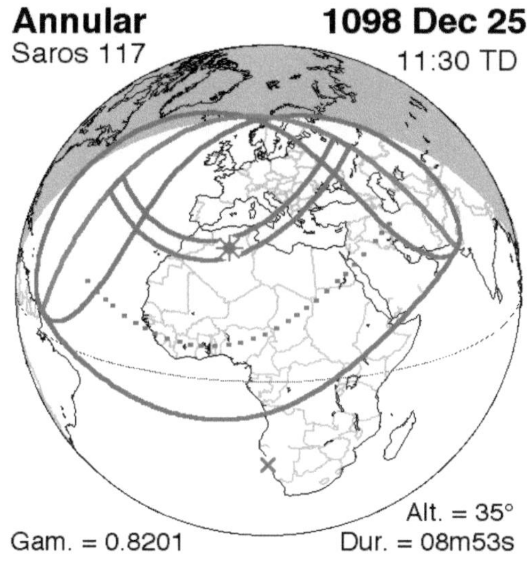

"Pappus war ein spätantiker Astronom und Almagestkommentator. In seinem Almagestkommentar berechnet Pappus eine Sonnenfinsternis, die am 17. Tag des Monats Tybi, im Jahre 1068 der Ära Nabonassar stattfinden würde, was 320 Okt 18 entspricht. Die Rückrechnung bestätigt diese Sonnenfinsternisberechnung."

[Starke 2013, S. 246/247]

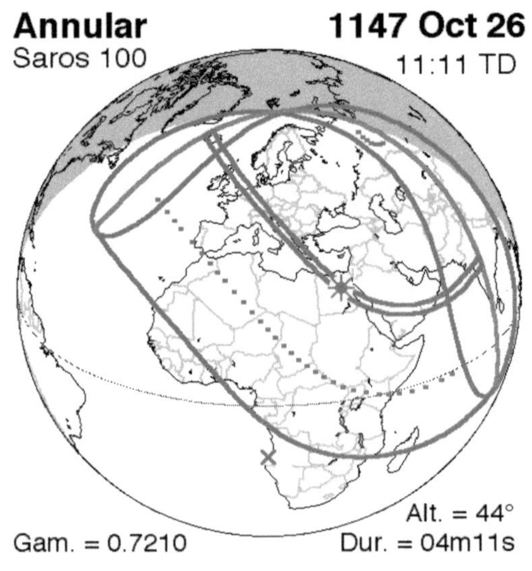

"Nun erfahren wir von einem ehrfurchtgebietenderen Phänomen, das unwissende Menschen immer wieder mit Furcht erfüllt: wenn die Sonne mittags vom Mond wie durch irgendein Hindernis behindert wird und allen Sterblichen seine Helligkeit vorenthält. (Dies, um von kürzlichen Vorkommnissen zu sprechen, wurde von Astrologen für das Konsulat von Optatus und Paulinus vorhergesagt). Oder wieder versagt der Mond, der von der Erde beschattet wird, auf die gleiche Weise - eine Sache, die wir oft in der Stille einer hellen Nacht gesehen haben."

[Firmicus, Maternus astron. I 4, 10, Zitat nach Gautschy, S. 17]

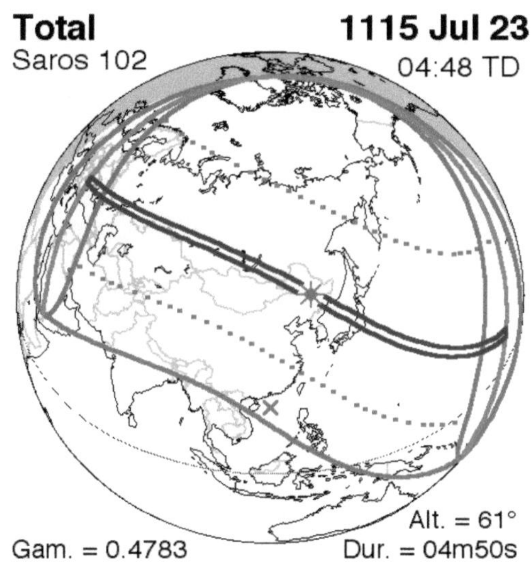

"Zur gleichen Zeit sah man in allen Regionen des Ostens den Himmel mit dunklem Nebel bedeckt, durch den die Sterne vom ersten Tagesanbruch bis zum Mittag ununterbrochen zu sehen waren ... die Menschen dachten, dass die Verdunkelung der Sonne zu lange dauerte, aber sie verdünnte sich zunächst in die Form der Mondsichel, wuchs dann zur Form des Halbmondes heran und wurde schließlich wiederhergestellt."

[Ammianus Marcellinus XX 3.1]

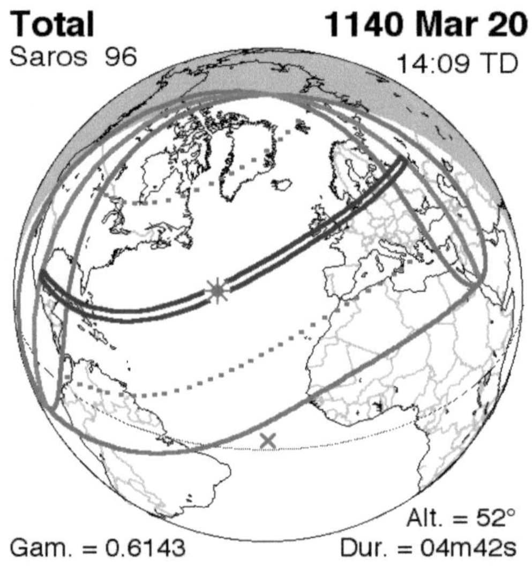

"... die Zeit, gerechnet nach bürgerlichen Tagen und äquinoktialen Stunden der exakten ekliptischen Konjunktion, die wir diskutiert haben und die nach dem ägyptischen Kalender im 1112. Jahr seit der Herrschaft von Nabonassar am 25.6. gleich oder äquinoktial nach Mittag am 24. des Toth stattfand, und nach dem alexandrinischen Kalender gerechnet nach einfachen bürgerlichen Tagen im 1112. Jahr der gleichen Herrschaft, 25/6 gleiche oder äquinoktiale Stunden nach Mittag am 22. von Payni [...]. Und darüber hinaus beobachteten wir mit größter Sicherheit den Zeitpunkt des Kontaktbeginns, berechnet nach ziviler und scheinbarer Zeit, als 25/6quinoktiale Stunden nach Mittag, und die Zeit der Mitte der Finsternis als 34/5 Stunden und die Zeit der vollständigen Wiederherstellung als 4½ Stunden ungefähr nach dem besagten Mittag am 22. von Payni."

[Theon von Alexandria im Kommentar zum Almagest des Ptolemäus, Zitat von Stephenson 1997, S. 365]

Siehe auch Seite 16 ff., wo diese Sonnenfinsternis bereits ausführlich besprochen wurde.

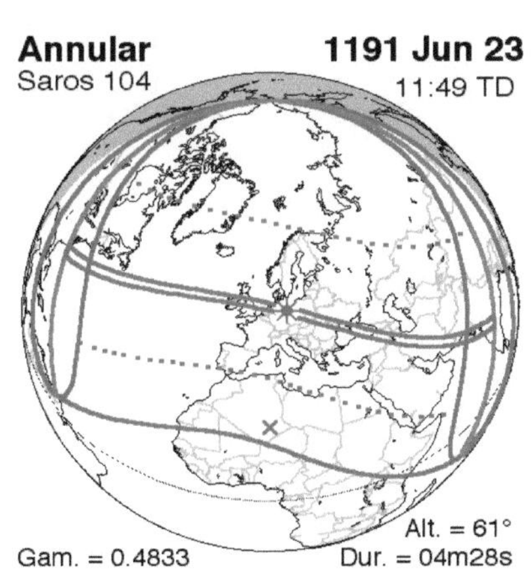

26./27.10.393   **26. 11. 1174**

"Theodosius III und Abundantius. Unter diesen Konsuln verdunkel-
te sich die Sonne um die 3[2] Stunde an den 6. Kalenden des No-
vember"

[Fasti Vindobonensis, Zitat von Newton 1972, S. 537]

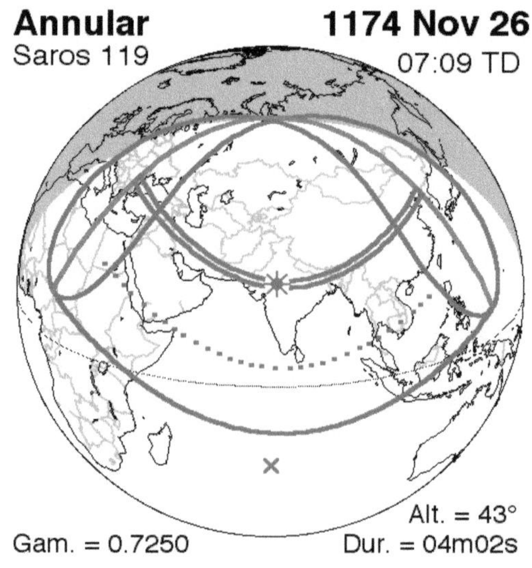

"Zosimus IV, 58,3 und Johannes Antiochenus F 187 (FRO IV S. 609b) berichten, wahrscheinlich aus Eunapios, von einer totalen Sonnenfinsternis während der Schlacht am Frigidus. Die Sterne sollen hervorgetreten sein und der größere Teil der Schlacht im Dunkeln stattgefunden haben."

[Demandt, S. 516]

Demandt kommentiert den Bericht wie folgt:

"Im Jahre 394 ist keine in Frage kommende Sonnenfinsternis eingetreten, so daß die Nachricht als typisierende Steigerung des gut bezeugten sichthindemden Sturmes während der Schlacht aufgefaßt werden muß."

Die alternative Datierung des Autors liefert hier die Lösung.

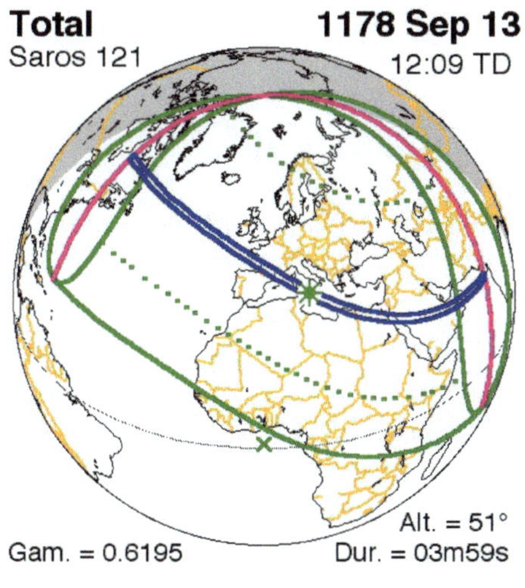

Alternativdatierung weiterer Finsternis-Berichte

Darüber hinaus gibt es eine Reihe weiterer römischer Finsternisse im Abstand von von ca. 781 Jahren zur offiziellen Datierung (alle aus [Gautschy]).

Bericht	Ereignis	Datierung	Rückrechnung	Alternative Datierung	Differenz in Jahren
Livius	SoFi	-216	11. 2. -216	3.10. 563	779
Livius	SoFi	-202	6. 5. -202	25. 12. 577	779
Livius	SoFi	-189	14. 3. -189	19. 3. 592	781
Livius	SoFi	-187	17. 6. -187	23. 7. 594	781
Julius Obsequens	SoFi	-103	19. 7. -103	24. 7. 678	781
Julius Obsequens	SoFi	-62	1. 10. -62	6. 10. 720	781
Cassius Dio	SoFi	-50	7. 3. -50	14. 8. 733	783

Tabelle 3: Weitere antike römische Sonnenfinsternisse nach [Gautschy], Rückrechnungen nach http://eclipse.gsfc.nasa.gov

Die Sonnenfinsternis von Titus Livius, nach offizieller Geschichte datiert auf den 17. 6. -187 (188 v. Chr.), wurde bereits auf den Seiten 25 ff. ausführlich analysiert.

"Die Ängste der Männer wurden durch die Wunder verstärkt, über die gleichzeitig von vielen Orten berichtet wurde: dass in Sizilien die Speere mehrerer Soldaten unter Beschuss geraten waren, und dass in Sardinien, als ein Reiter die Runde der Nachtwache machte, dasselbe mit dem Knüppel passiert war, den er in der Hand hielt; dass viele Feuer am Ufer gebrannt hatten; dass zwei Schilde Blut geschwitzt hatten ; dass einige Soldaten vom Blitz getroffen worden waren; dass die Sonnenscheibe scheinbar zusammengezogen war; dass bei Praeneste glühende Steine vom Himmel gefallen waren; dass bei Arpi Schilde am Himmel erschienen waren und die Sonne mit dem Mond zu kämpfen schien [...]"

[Livius XXII, I.8, Zitat von Gautschy, S.8]

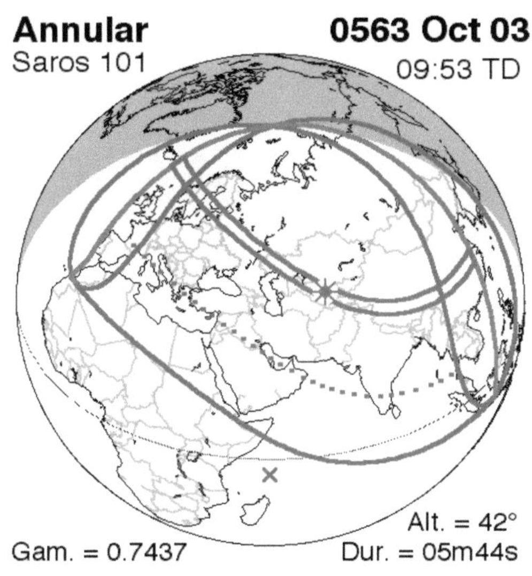

"Berichte über Wunder, auch genau zu der Zeit, als es Gerüchte über neue Feindseligkeiten gab, hatten Alarm ausgelöst. In Cumae wurde die Sonne teilweise verdunkelt und es regnete Steine, und im Bezirk Velitrae lagerte sich der Boden in riesigen Höhlen ab, und Bäume wurden in der Tiefe verschluckt."

[Livius XXX, XXXVIII.8, Zitat von Gautschy, S. 8]

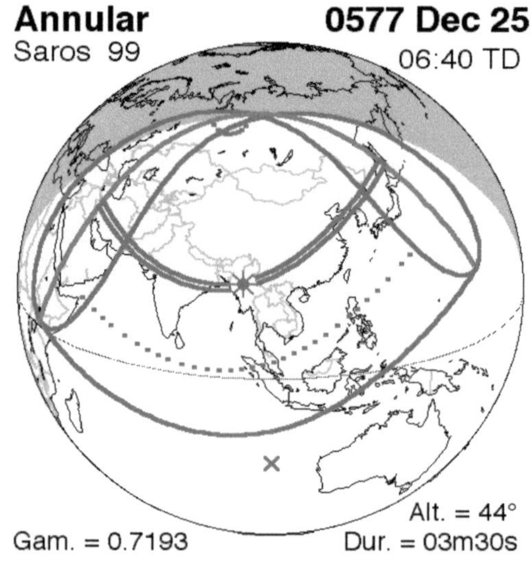

Five Millennium Canon of Solar Eclipses (Espenak & Meeus)

"Um die Zeit der Abreise des Konsuls in den Krieg, während der Ludi Apollinares, am fünften Tag vor den Iden des Juli, wurde bei klarem Himmel tagsüber das Licht gedämpft, da der Mond vor dem Sonnenkreis vorbeiging."

[Livius XXXVII, IV.4, Zitat von Gautschy, S. 8]

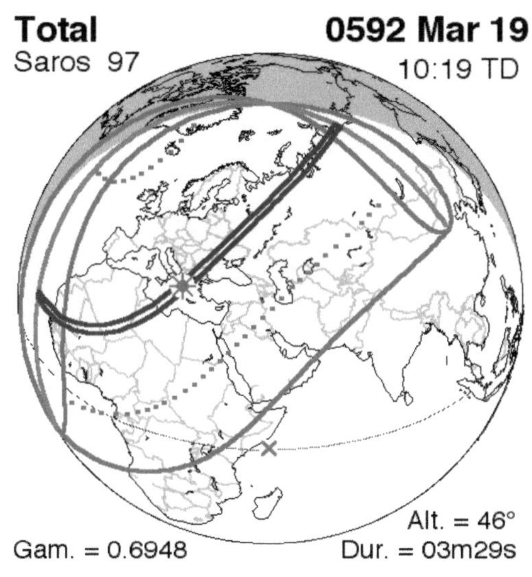

"*C. Marius und C. Flavius waren Konsuln.*

Die Kimbern, die die Alpen überschritten, verbündeten sich nach der Verwüstung Spaniens mit den Teutonen. Ein Wolf drang in die Stadt ein. Geier wurden durch einen Blitzschlag über einem Turm getötet. Während der dritten Stunde des Tages dämpfte eine Sonnenfinsternis das Licht."

[Julius Obsequens, Prodigiorum liber, c. 43.10-43a.2, Zitat von Gautschy, S.9]

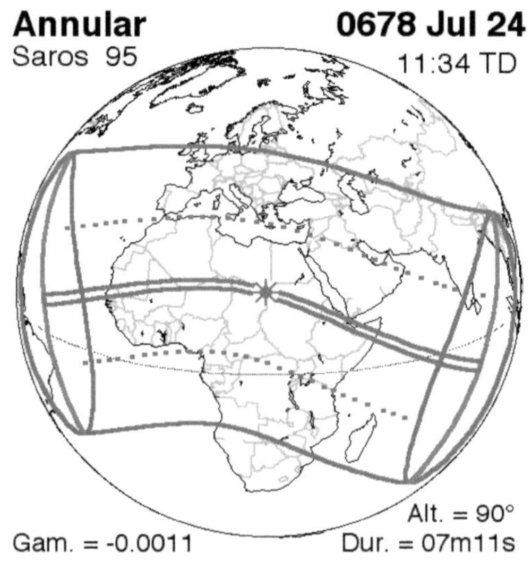

"Quintus Metellus und L. Afranius waren Konsuln.
Den ganzen Tag war es ruhig bis etwa zur 11. Stunde, dann wurde
es dunkel, bis die Helligkeit wieder erschien."

[Julius Obsequens, Prodigiorum liber, c. 62, Zitat von
Gautschy, S. 9]

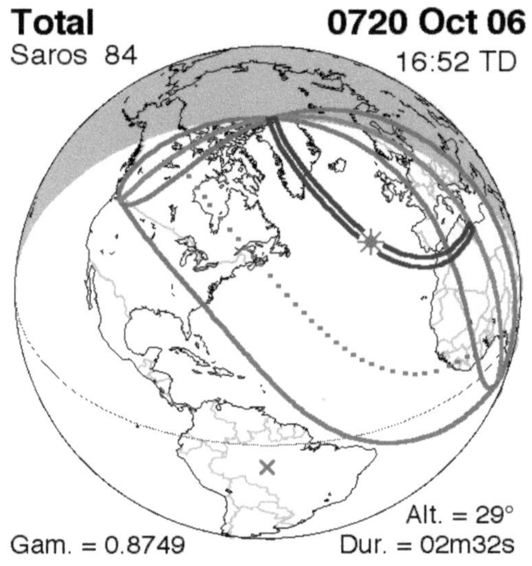

"Auch die Sonne erlitt eine totale Sonnenfinsternis."

[Cassius Dio XLI, 14.3, Zitat von Gautschy, S. 9]

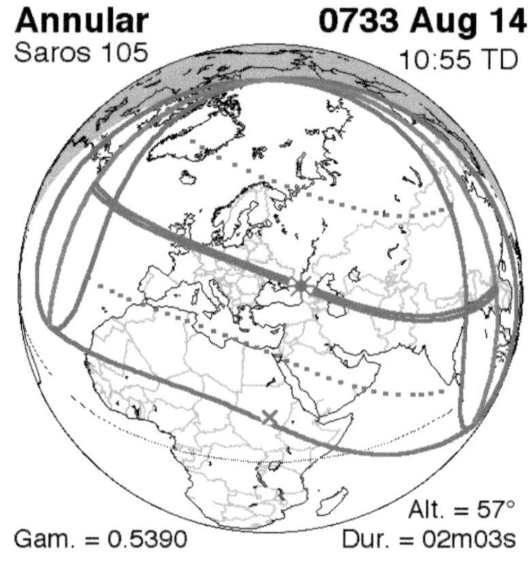

Die Wochentage sind nach 784 Jahren identisch – die Monddaten fast

Ostern, das wichtigste Fest im Christentum, das Fest der Auferstehung Jesu Christi, fällt auf den Sonntag nach dem ersten Vollmond im Frühling.

Abb. 82: Die Auferstehung Jesu Christi

Im Folgenden präzisiere ich meine Ausführungen im *"Wohlstrukturierten Mittelalter"* [Arndt 2012, S.106 ff.]:

Mit "Osterstreit" wird in der offiziellen Geschichte die Kontroverse über unterschiedliche Auffassungen zum Osterfest innerhalb der christlichen Kirche in den ersten Jahrhunderten der christlichen Zeitrechnung bezeichnet. Insbesondere standen sich hier die römische Kirche und die Kirche von Alexandria gegenüber. Das genaue Datum des Osterfestes war dabei ein Hauptthema, und die Art und Weise es zu berechnen.

Die ägyptische Stadt Alexandria war nach offizieller Geschichte in den ersten Jahrhunderten des ersten Jahrtausends ein Zentrum, wenn nicht sogar *das* Zentrum des Christentums. Rom in Italien erlangte erst später Bedeutung.

Abb. 83: Der Leuchtturm von Alexandria, eines der sieben Weltwunder der Antike

Im *"Wohlstrukturierten Mittelalter"* habe ich gezeigt, dass die Lösung des Problems des Osterstreites nun darin besteht, dass die im Westen (Rom) vom Osten (Alexandria) abweichenden Osterdaten ganz einfach die um 700 Jahre verschobenen Daten sind.

Nach der römischen Regel ist der 15. 3. als frühestmögliches Datum für den Frühlingsvollmond festgelegt, also 6 Tage früher als nach der alexandrinischen Regel am 21. 3.

Frühestmöglicher Ostersonntag ist dann der 17. 3., also 5 Tage früher als nach der alexandrinischen Regel am 22. 3.

Der 15. 3. und somit auch der theoretisch früheste Ostersonntag am 17. 3. liegen vor dem Frühjahrsäquinoktium im 4. Jahrhundert!

Dies ist ein Fehler in der *"Matrix"*, da nach der Regel Ostern auf Sonntag nach dem ersten Frühlingsvollmond fällt. Dieser liegt natürlich immer *nach* dem Frühjahrsäquinoktium.

Grafik 12: History Hacking – Anything goes

Der 15. 3. ist nun genau das Frühjahrsäquinoktium zu Beginn des 11. Jahrhundert, z. B. im Jahre 1011, so wie der 21. 3. das Äquinoktium zu Beginn des 4. Jahrhundert ist, das für die alexandrinische Regel gilt.

Frühestmöglicher Frühlingsvollmond und Ostersonntag der römischen und der alexandrinischen Regel unterscheiden sich nun genau um die Tagesdifferenz der Verschiebung des Frühjahrsäquinoktiums in 700 Jahren – das sind 5,5 Tage.

Aber auch ausgehend von 784, einen römischen Osterzyklus nach 700, stimmen sämtliche in Rom und dem Westen von Alexandria abweichenden Daten des sogenannten Osterstreites genauso gut überein wie bei 700, also einer Differenz von 700/784 Jahren zum jetzigen Ursprung am Anfang der christlichen Jahreszählung.

Letzten Endes sind Osterdaten ja auch astronomische Daten, da sich diese am Vollmond orientieren.

Lediglich die Monddaten weichen i.d.R. bei 784 Jahren um einen Tag mehr ab als bei 700 Jahren, sind also etwas ungenauer. Außer 700 und 784 existiert keine andere Differenz, bei der die römischen Daten des Osterstreites so gut übereinstimmen.

Auch die Wochentage wiederholen sich im Julianischen Kalender nach 784 Jahren (28 x 28). Bei der Interpretation der Quellen kann man demnach bezüglich der Wochentage gar nicht und bezüglich der Monddaten kaum unterscheiden, ob der entsprechende Zeitpunkt nicht in Wirklichkeit um 700 oder 784 Jahre verschoben ist.

Januar 1

Mo	Di	Mi	Do	Fr	Sa	So	
					1	2	
3	4	5	6	7	8	9	1
10	11	12	13	14	15	16	2
17	18	19	20	21	22	23	3
24	25	26	27	28	29	30	4
31							5

Januar 701

Mo	Di	Mi	Do	Fr	Sa	So	
					1	2	53
3	4	5	6	7	8	9	1
10	11	12	13	14	15	16	2
17	18	19	20	21	22	23	3
24	25	26	27	28	29	30	4
31							5

Januar 785

Mo	Di	Mi	Do	Fr	Sa	So	
					1	2	53
3	4	5	6	7	8	9	1
10	11	12	13	14	15	16	2
17	18	19	20	21	22	23	3
24	25	26	27	28	29	30	4
31							5

April 1

Mo	Di	Mi	Do	Fr	Sa	So	
				1	2	3	13
4	5	6	7	8	9	10	14
11	12	13	14	15	16	17	15
18	19	20	21	22	23	24	16
25	26	27	28	29	30		17

April 701

Mo	Di	Mi	Do	Fr	Sa	So	
				1	2	3	13
4	5	6	7	8	9	10	14
11	12	13	14	15	16	17	15
18	19	20	21	22	23	24	16
25	26	27	28	29	30		17

April 785

Mo	Di	Mi	Do	Fr	Sa	So	
				1	2	3	13
4	5	6	7	8	9	10	14
11	12	13	14	15	16	17	15
18	19	20	21	22	23	24	16
25	26	27	28	29	30		17

Juli 1

Mo	Di	Mi	Do	Fr	Sa	So	
				1	2	3	26
4	5	6	7	8	9	10	27
11	12	13	14	15	16	17	28
18	19	20	21	22	23	24	29
25	26	27	28	29	30	31	30

Juli 701

Mo	Di	Mi	Do	Fr	Sa	So	
				1	2	3	26
4	5	6	7	8	9	10	27
11	12	13	14	15	16	17	28
18	19	20	21	22	23	24	29
25	26	27	28	29	30	31	30

Juli 785

Mo	Di	Mi	Do	Fr	Sa	So	
				1	2	3	26
4	5	6	7	8	9	10	27
11	12	13	14	15	16	17	28
18	19	20	21	22	23	24	29
25	26	27	28	29	30	31	30

Oktober 1

Mo	Di	Mi	Do	Fr	Sa	So	
					1	2	39
3	4	5	6	7	8	9	40
10	11	12	13	14	15	16	41
17	18	19	20	21	22	23	42
24	25	26	27	28	29	30	43
31							44

Oktober 701

Mo	Di	Mi	Do	Fr	Sa	So	
					1	2	39
3	4	5	6	7	8	9	40
10	11	12	13	14	15	16	41
17	18	19	20	21	22	23	42
24	25	26	27	28	29	30	43
31							44

Oktober 785

Mo	Di	Mi	Do	Fr	Sa	So	
					1	2	39
3	4	5	6	7	8	9	40
10	11	12	13	14	15	16	41
17	18	19	20	21	22	23	42
24	25	26	27	28	29	30	43
31							44

Year	New Moon		Year	New Moon		Year	New Moon	
0001			0701			0785		
	Jan 13	10:58		Jan 14	00:47		Jan 15	17:01
	Feb 12	05:18		Feb 12	19:09		Feb 14	02:49
	Mar 13	20:49		Mar 14	12:44		Mar 15	11:46
	Apr 12	09:19		Apr 13	04:33		Apr 13	20:34
	May 11	19:20		May 12	17:56		May 13	05:51
	Jun 10	03:41		Jun 11	04:48		Jun 11	16:14
	Jul 9	11:09		Jul 10	13:42		Jul 11	04:18
	Aug 7	18:35		Aug 8	21:38		Aug 9	18:33
	Sep 6	02:53		Sep 7	05:45		Sep 8	11:01
	Oct 5	12:59		Oct 6	15:00		Oct 8	05:02
	Nov 4	01:39		Nov 5	01:50		Nov 6	23:10
	Dec 3	17:06		Dec 4	14:21		Dec 6	15:53

Year	New Moon		Year	New Moon		Year	New Moon	
0002	Jan 2	10:40	0702	Jan 3	04:27	0786	Jan 5	06:16
	Feb 1	05:01		Feb 1	19:59		Feb 3	18:16
	Mar 2	22:47		Mar 3	12:40		Mar 5	04:20
	Apr 1	14:58		Apr 2	05:41		Apr 3	12:57
	May 1	05:02		May 1	21:55		May 2	20:42
	May 30	16:51		May 31	12:22		Jun 1	04:18
	Jun 29	02:41		Jun 30	00:46		Jun 30	12:43
	Jul 28	11:10		Jul 29	11:32		Jul 29	23:04
	Aug 26	19:17		Aug 27	21:28		Aug 28	12:18
	Sep 25	04:02		Sep 26	07:17		Sep 27	04:40
	Oct 24	14:14		Oct 25	17:25		Oct 26	23:23
	Nov 23	02:14		Nov 24	04:02		Nov 25	18:44
	Dec 22	15:55		Dec 23	15:14		Dec 25	12:59

Year	New Moon		Year	New Moon		Year	New Moon	
0003			0703			0787		
	Jan 21	06:56		Jan 22	03:18		Jan 24	05:03
	Feb 19	22:56		Feb 20	16:36		Feb 22	18:29
	Mar 21	15:26		Mar 22	07:07		Mar 24	05:18
	Apr 20	07:45		Apr 20	22:26		Apr 22	13:52
	May 19	22:56		May 20	13:51		May 21	20:55
	Jun 18	12:22		Jun 19	04:47		Jun 20	03:29
	Jul 17	23:57		Jul 18	18:57		Jul 19	10:52
	Aug 16	10:13		Aug 17	08:18		Aug 17	20:15
	Sep 14	20:03		Sep 15	20:52		Sep 16	08:31
	Oct 14	06:09		Oct 15	08:39		Oct 15	23:53
	Nov 12	16:50		Nov 13	19:44		Nov 14	17:49
	Dec 12	04:03		Dec 13	06:20		Dec 14	13:11

Abb. 84 (oben): Identische Abfolge von Wochentagen nach 700 und 784 Jahren
Abb. 85 (unten): Fast identische Abfolge von Monddaten nach 700 und 784 Jahren

Die Erschaffung der Welt, das Julianische Datum und das Jahr 784

Nach frühchristlicher Vorstellung beginnt das 6. Weltzeitalter mit dem Leben von Jesus Christus, und zwar genau in der Mitte des 6. Jahrtausends seit Erschaffung der Welt, im Jahre 5500. Eine Unterteilung der ersten 6000 Jahre in 12 x 500 Jahre legt Jesus Christus an den Anfang der letzten 500 Jahre. Dies war der nach offizieller Geschichte ursprüngliche Entwurf, von dem z.B. die im Byzantinischen Reich gültige Zeitrechnung bis zum Untergang 1453 nur um acht Jahre abwich (5508) (mehr zum Thema im Buch des Autors *Die wohlkonstruierte Chronologie"*, ab S. 90).

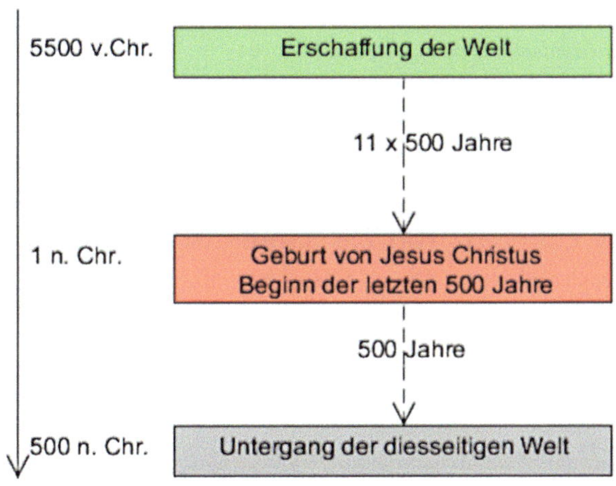

Grafik 13: Der ursprüngliche Entwurf: 12 x 500 Jahre - Jesus Christus am Beginn der letzten 500 Jahre, des zwölften 500-Jahres-Abschnitts

Legt man nun den Ausgangspunkt unserer Zeitrechnung in das Jahr 784 n. Chr., so entspricht das Jahr 4717 v. Chr. dem Jahr der Erschaffung der Welt (784 - 5500). Das sind vier Jahre vor dem Beginn der Zählung des Julianischen Datums 4713 v. Chr., das von Joseph Justus Scaliger stammt, und mit dem die Julianische Periode von 7980 Jahren beginnt (15 Große Osterzyklen à 532 Jahre).

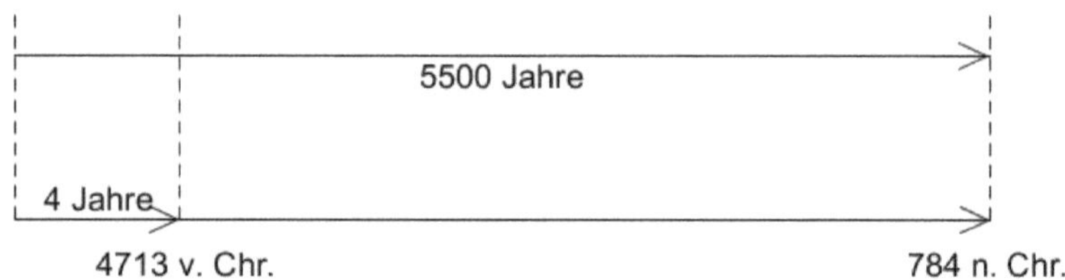

Grafik 14: Das Julianische Datum und das Jahr 784

Der Anfang der Zeitrechnung bei Scaliger ist damit praktisch identisch mit der Erschaffung der Welt nach christlicher Vorstellung! Die Differenz von vier Jahren ist darüber hinaus deswegen interessant, weil Jesus Christus' Geburt (von denen, die daran glauben) heute üblicherweise vier Jahre vor dem Beginn unserer Zeitrechnung angesetzt wird, die ja eigentlich mit dessen Reinkarnation beginnen sollte (wobei auch andere Datierungen möglich sind).

Die Ursache dafür ist, dass genau vier Jahre vor dem Beginn der christlichen Zeitrechnung nach offizieller Geschichte Herodes der Große starb, der zur Zeit der Geburt des Erlösers König gewesen sein soll und auf den in diesem Zusammenhang ausdrücklich Bezug genommen wird. Das passt natürlich nicht zusammen, denn er kann, wenn die Geschichte stimmen soll, frühestens genau vier Jahre später gestorben sein bzw. Jesus Christus wurde vier Jahre vor Beginn seiner eigenen Zeitrechnung geboren.

Die Erschaffung der Welt, das Julianische Datum und das Jahr 781

Die meisten römischen Sonnenfinsternisse haben aber einen zeitlichen Abstand von 781 Jahren von der Datierung der offiziellen Geschichte. Beginnt man die Jahre ab 781 n. Chr. zu zählen, so entspricht das Jahr 4720 v. Chr. dem Jahr der Erschaffung der Welt nach diesem Modell. Dies wäre eine Differenz von sieben Jahren zum Beginn der Zählung des Julianischen Datums 4713 v. Chr.

Im Jahre 781 n. Chr. beginnt auch die georgische Zeitrechnung (in Georgien im Kaukasus). In diesem Jahr beginnt dieser Jahreszählung gemäß der 13. Osterzyklus von 532 Jahren seit Erschaffung der Welt im Jahre 5604 v. Chr. Der 14. Zyklus nach 532 Jahren beginnt dann im Jahre 1313 n. Chr. Verwendet wurde diese Zeitrechnung in Georgien zwischen dem 9. und dem 19. Jahrhundert.

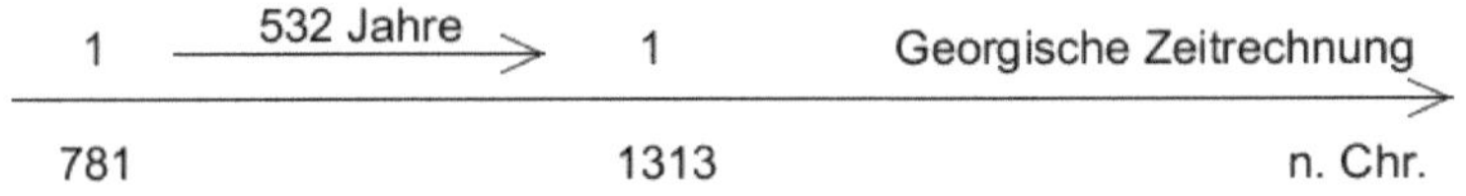

Grafik 15: Die Georgische Zeitrechnung beginnt im Jahre 781

Somit passen fast alle römischen Finsternisse aus den Tabellen für den Beginn der Jahreszählung nach Georgischer Zeitrechnung!

Legt man nun ein anderes Jahr für die Erschaffung der Welt zu Grunde, so passt es auch perfekt mit dem Beginn der Zählung des Julianischen Datums 4713 v. Chr.

Die Erschaffung der Welt fand nach Annianus und Panodoros, die im 4./5. Jahrhundert lebten, im Jahre 5492/93 v. Chr. statt (je nach unterschiedlichem Jahresanfang). Sie verwendeten Osterzyklen von 532 Jahren zur Berechnung. Bis zum Jahr 360 n. Chr. waren nach ihnen 11 x 532 Jahre vergangen und im Jahre 360 begann der 12. Osterzyklus.

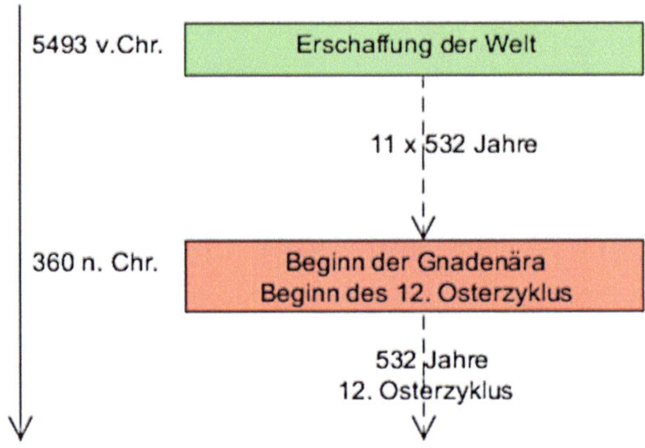

Grafik 16: Annianus und Panodoros strukturierten die Chronologie nach Großen Osterzyklen von 532 Jahre.

Annianus von Alexandria erkannte als Erster, dass es einen Großen Passahzyklus (später Osterzyklus) von 532 Jahren gibt, der aus der Kombination des 19jährigen Mondzyklus mit dem 28jährigen Sonnenzyklus besteht. Somit wiederholen sich die Passah- bzw. Osterdaten zyklisch alle 532 Jahre.

Scaligers Julianisches Datum mit der Julianischen Periode von 15 Großen Osterzyklen à 532 Jahren ist davon offensichtlich inspiriert worden. Die Julianische Periode umfasst 7980 Jahre = 15 Osterzyklen à 532 Jahre.

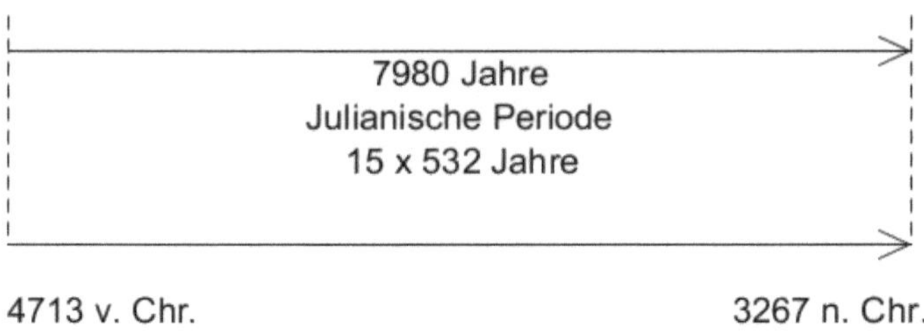

Grafik 17: Scaligers Julianische Periode von 15 x 532 Jahren

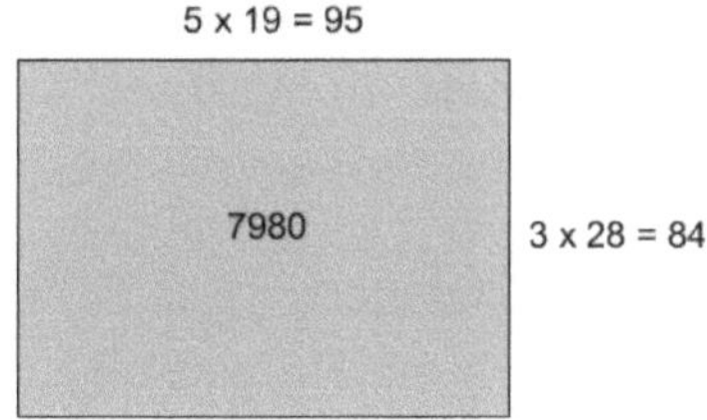

Grafik 18: Die Julianische Periode von 7980 Jahren ergibt sich auch aus der Multiplikation der beiden antiken Osterzyklen aus Rom (84 Jahre) und Alexandria (95 Jahre)

123

Setzt man die Erschaffung der Welt auf 5493 v. Chr. und den Ausgangspunkt unserer Zeitrechnung ins Jahr 781 n. Chr. (römische Finsternisse = Georgische Zeitrechnung), dann entspricht das Jahr 4713 v. Chr. dem Jahr der Erschaffung der Welt (781 - 5493).

Der Beginn der Zählung des Julianischen Datums im Jahre 4713 v. Chr. stimmt dann mit dem Zeitpunkt der Erschaffung der Welt überein.

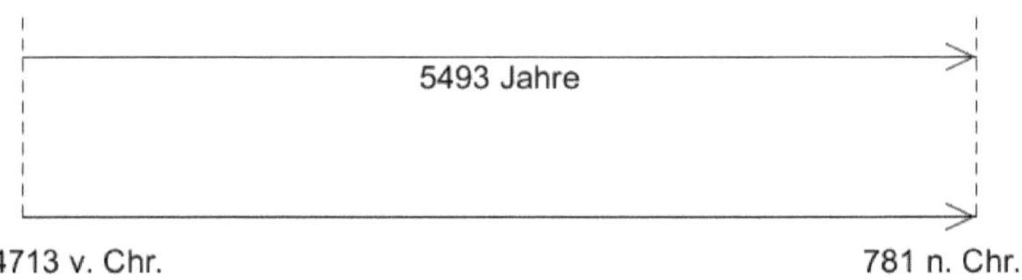

Grafik 19: Das Julianische Datum und das Jahr 781

Auffällige Parallelen im Abstand von ca. 780 Jahren

Nicht übersehbar sind eine Reihe von Übereinstimmungen von überlieferten Ereignissen im Abstand von ca. 780 Jahren, entsprechend den römischen Finsternissen.

So gibt es nach Beschreibungen in den Schriftquellen eine Warmzeit in der römischen Kaiserzeit, der dann im 6. Jahrhundert eine Klimakatastrophe folgt. Im Mittelalter gibt es ebenso eine Warmzeit; im 14. Jahrhundert dann wiederum einen Temperatursturz.

Antike	Mittelalter	Differenz
Klimaoptimum der Römerzeit ca. von 0-400 AD	Mittelalterliche Warmzeit ca. von 950-1250 AD	
Ab ca. 280 AD Weinanbau in Britannien, der im Frühmittelalter zum Erliegen kommt	Ab der Normannenzeit (11. Jh.) Weinanbau in England bis zur selben nördlichen Grenze wie in der Römerzeit	ca. 780 Jahre
535/536 Klimakatastrophe der Antike: niedrige Temperaturen mit Schnee im Sommer und Missernten – **die Quellen dazu stammen aus dem südlichen Europa und dem Nahen Osten** (und irischen Klöstern: Fälschungsalarm!); in der Folge die größte Pestkatastrophe der Antike, die Justinianische Pest	1315–1317 Temperatursturz, Missernten und große Hungersnot - **die Quellen dazu sind auf das nördliche Europa beschränkt;** in der Folge die größte Pestkatastrophe des Mittelalters, der Schwarze Tod	ca. 780 Jahre
6.Jh. Viele Erdbeben, z.B. Hagia Sophia in Konstantinopel: Erbaut in den 530er Jahren, 562 Einweihung der neuen Kuppel nach Einsturz bei einem Erdbeben	14. Jh. Viele Erdbeben 1346 Einsturz des östlichen Kuppelbogens nach einem Erdbeben, danach werden außen Stützmauern errichtet, die der Hagia Sophia erst ihr heutiges Aussehen geben	ca. 784 Jahre

Tabelle 4: Auffällige Parallelen im Abstand von ca. 780 Jahren

Keine Verdopplung der Klimakatastrophe

Diese Schlussfolgerungen aus den Beschreibungen der Schriftquellen können so aber nicht durch die neueste wissenschaftliche Forschung bestätigt werden.

Wie auch bei den Finsternis-Berichten widerspricht die neueste Forschung älteren Ergebnissen, die die absolute Wahrheit der Inhalte der Schriftquellen voraussetzten und sogar willkürliche physikalische Anomalien postulierten, um diese nicht in Frage zu stellen.

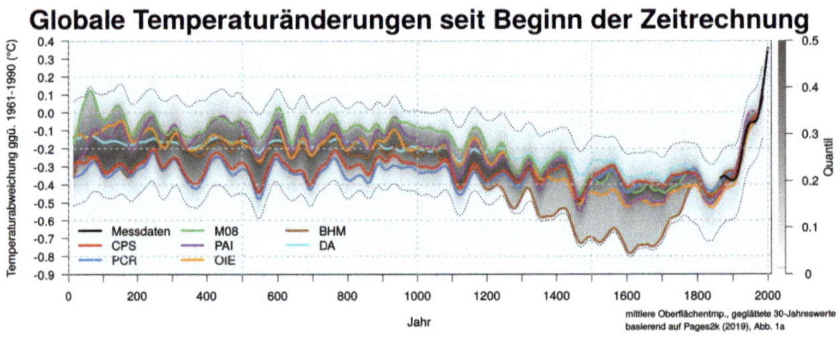

Abb. 86: Temperaturanomalien der letzten 2000 Jahre nach [Neukom 2019]

Es gab demnach vor dem 13. Jahrhundert n. Chr. entsprechend der offiziellen Chronologie gar keine drastischen Klimaveränderungen, wie sie Schriftquellen der Antike für die Zeit ab dem 6. Jahrhundert beschreiben. Es gab nur *eine* Klimakatastrophe – und nicht zwei. Dieser Temperatursturz begann ab der zweiten Hälfte des 13. Jahrhunderts.

Die Sicht der Bibel von der Schöpfung der Welt hatte man seinerzeit auch nicht dadurch widerlegt, dass man nachgewiesen hat, dass der Bibeltext eine Fälschung ist. Man hat einfach einen rationaleren Weg zur Wissensfindung eingeschritten.

Genau dies geschieht offensichtlich seit einigen Jahren auch in Bezug auf die Schriftquellen, die der offiziellen Geschichte und Chronologie zu Grunde liegen Es traut sich aber noch kein Wissenschaftler, das so offen auszusprechen.

Keine Verdopplung der Pestkatastrophe

Parallel dazu soll es angeblich laut offizieller Geschichte Pestkatastrophen im 6. und im 14. Jahrhundert gegeben haben.

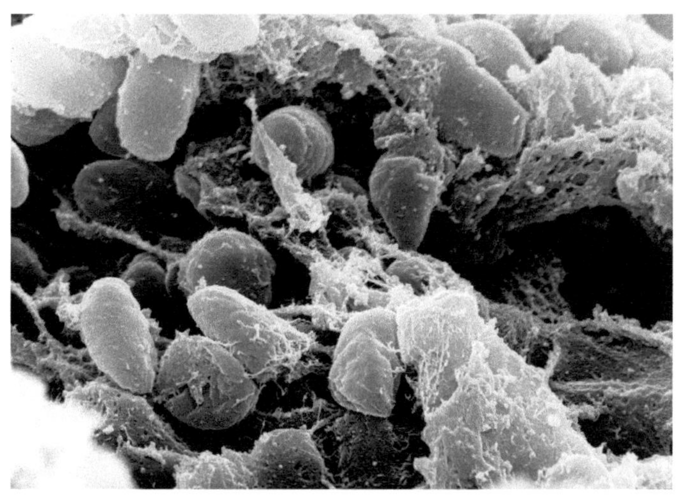

Abb. 87: Yersinia pestis-Bakterien in einer Mikroskop-Aufnahme

Bei den Geschichten über die massenweisen Pestseuchen ist der erfundenen offiziellen Geschichte ein schwerer Fehler unterlaufen. Es gibt häufig Pestseuchen in der Antike. Es gibt massenweise Pestseuchen ab 1347. Aber man hat vergessen, Pestseuchen in den ca. 600 Jahren zwischen etwa 750 und 1347 in den Schriftquellen unterzubringen.

Abb. 88: Die Ausbreitung der Pest (Schwarzer Tod) im Jahre 1353

Es gibt weder bei Karl dem Großen und den Karolingern, noch bei den Ottonen, den Saliern oder den Märchenkönigen Friedrich I. und Friedrich II., den Staufern, also dem glorreichen deutschen Mittelalter, irgendwelche Pestseuchen. Auch im Rest Europas dieser erfundenen Zeit nicht!

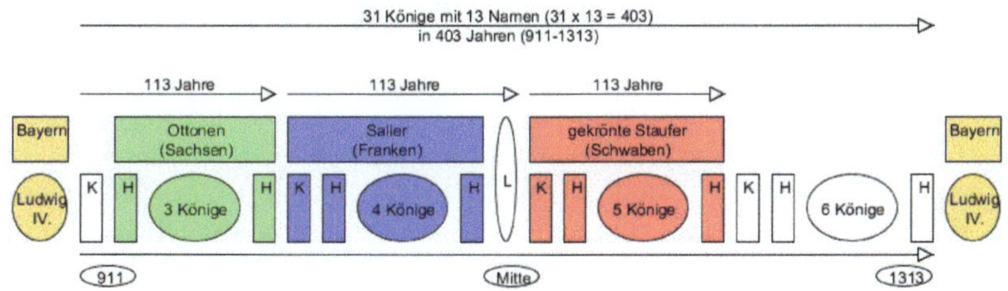

Grafik 20: Das glorreiche deutsche, wohlstrukturierte Mittelalter kennt keine Pest; siehe dazu das Buch des Autors *"Die wohlstrukturierte Geschichte"*.

Aber nach neuesten Forschungsergebnissen sind die Pesterreger der Justinianischen Pest (im 6. Jahrhundert verortet) nach Auswertung von Grabfunden, die zum 6. Jahrhundert gehören sollen, nahe verwandt mit den Pesterregern von 1347, so dass definitiv keine 800 Jahre dazwischen liegen können, und auch nicht volle 600 Jahre dazwischen ohne überhaupt keinen Pestausbruch. Wissenschaftlich nachvollziehbar wären wenige Jahrzehnte dazwischen oder zeitgleich.

So ergab eine Studie von 2011, daß der Erreger der Pestepidemie 1347-1351 (Yersinia pestis) frühestens im 13. Jahrhundert bei Menschen aufgetreten sein kann [Nature 2011]. Es wurde aber DNA desselben Erregers auch in Gräbern gefunden, die dem 6. Jahrhundert zugerechnet werden (Justinianische Pest, seit 541 n. Chr.) [Phys. Anthropol. 2005]. Mit der traditionellen Chronologie kann das nicht erklärt werden. Solche Fehler sind bei einer Konstruktion der Geschichte zu erwarten. Schließlich kann man nicht auf alles achten.

Finsternisse des 5. - 6. Jahrhunderts

Ab dem Beginn des 5. Jahrhunderts ist eine große Anzahl von auf den Tag genauen Finsternissen überliefert (und zwar gleichzeitig in China und in Europa!), was zuvor sehr selten vorkam – ein erstaunlicher, bisher völlig ungeklärter Qualitätssprung in den Quellen. Eine Ausnahme bildeten die Finsternisse des Ptolemäus, bei dem man allerdings nur Mondfinsternisse findet, und erstaunlicherweise keine einzige Sonnenfinsternis.

Wie wenig die angeblich antiken chinesischen Finsternis-Berichte tatsächlich wert sind, hat z. B. Gabowitsch in seinem Artikel über die chinesische Astronomie gezeigt [Gabowitsch 2011]. In Starkes Arbeit werden allerdings keine chinesischen Eklipsen berücksichtigt.

Zu den fragwürdigen europäischen Sonnenfinsternis-Berichten des Bischofs Hydatius hat bereits H. Illig ganz richtig festgestellt:

"Der Bischof [Hydatius] berichtet die Zeit zwischen 379 und 469; er nennt alle Inthronisationen der damaligen zehn Päpste. Doch warum nennt der Chronist ein Eklipsendatum taggenau, ein zweites nur mit einem Tag Abweichung, aber bei keinem Papst auch nur das richtige Jahr (laut heutigen Rückrechnungen) der Inthronisation?

Die Abweichungen liegen zwischen -2 und +4 Jahren, im Falle einer seltsamen Dublette bei Leo I. sogar bei +7 Jahren. Hydatius war nicht hauptamtlicher Chronist, sondern primär Bischof! Wieso kennt ein solcher nicht die Amtsjahre der Päpste seiner Zeit, aber eine Sonnennsternis taggenau?"

[Illig ZS 4/2000, zitiert von Starke, S. 180 f.]

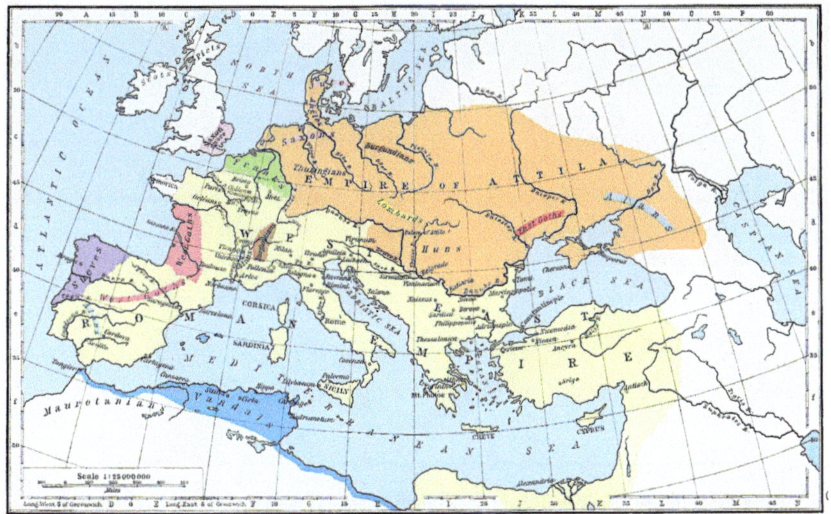

Abb. 89: Europa um 450 n. Chr.

Neben der offensichtlichen Möglichkeit von Rückrechnungen oder dem Verwenden von Finsternis-Berichten aus anderen Quellen ist es natürlich auch möglich, das tatsächliche geschichtliche Ereignisse mit ihnen verknüpft sind. Es kann nämlich auch sein, entgegen Illigs Auffassung, dass die Finsternis-Berichte echt sind, und die Päpste und sonstige Kirchengeschichte später eingefügt wurden.

131

Die Grenze zwischen den übereinstimmenden Berichten im Abstand von 781/784 Jahren und 521 Jahren liegt um das Jahr 400 herum. Dies stimmt erstaunlich gut überein mit der Teilung des Römischen Reiches 395 im Jahr nach der Entscheidungsschlacht am Frigidus sowie dem Rückzug der Reste der römischen Truppen aus Westeuropa Anfang des 5. Jahrhunderts.

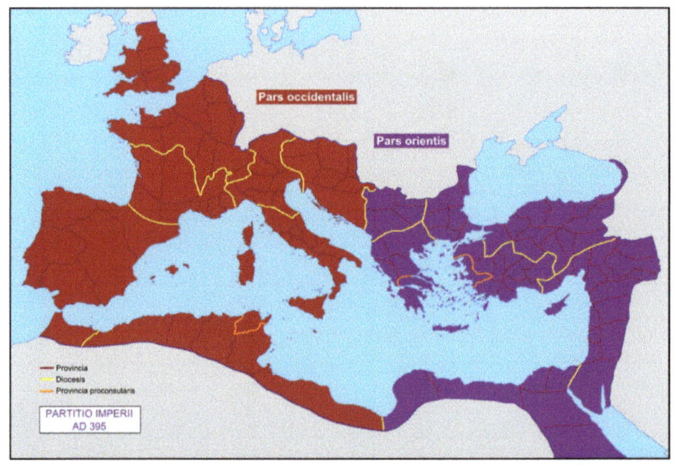

Abb. 90: Weströmisches Reich (Pars occidentalis) und Oströmisches Reich (Pars orientis) nach der Teilung im Jahre 395

Z. B. auch plötzliches Ende der römischen Münzen in Britannien kurz nach 400: Für die nächsten über 200 Jahre gibt es dann in Britannien nach offizieller Geschichte praktisch überhaupt keine Münzen. Die römischen Münzen der Zeit zuvor können in dieser Zeit nicht im Umlauf gewesen sein, da die letzten kaum abgenutzt sind. Erst seit dieser Zeit haben auch nach offizieller Geschichte die Ostkaiser in Konstantinopel ihre ständige Residenz.

Bericht	Ereignis	Datierung	Rück-rechnung	Alternative Datierung	Differenz in Jahren
Hydatius u.a.	SoFi	11. 11. 402	11. 11. 402	11. 11. 923	521
Hydatius u.a.	SoFi	19. 7. 418	19. 7. 418	19. 7. 939	521
Hydatius u.a.	SoFi	23. 12. 447	23. 12 . 447	22. 12. 968	521
Hydatius u.a.	MoFi	26. 9. 451	26. 9. 451	25. 9. 972	521
Hydatius u.a.	SoFi	28. 5. 458	28. 5. 458	28. 5. 979	521
Hydatius u.a.	MoFi (nicht SoFi)	2. 3. 462	2. 3. 462	2. 3. 983	521
Hydatius u.a.	SoFi	20. 7. 464	20. 7. 464	20. 7. 985	521
M. Neapolit.	SoFi	13. - 23. 1. 484	14. 1. 484	24. 1. 1004	520
Marcellinus	SoFi	497	18. 4. 497	18. 4. 1018	521
Marcellinus	SoFi	512	29. 6. 512	29. 6. 1033	521
Beda u.a.	SoFi	14. 2. 538	15. 2. 538	15. 2. 1059	521
Beda u.a.	SoFi	20. 6. 540	20. 6. 540	20. 6. 1061	521
Gregor u.a.	SoFi	1. 10. 563	3. 10. 563	2. 10. 1084 (Bedeckungsgrad stimmt)	521
Gregor u.a.	SoFi, oder etwa Mofi?	Mitte Oktober 590	4. 10. 590	MoFi 18. 10. 1111 (Mitte Okt. stimmt)	521

Tab. 5: Finsternisse des 5. - 6. Jh. nach Starke [S. 251 ff.] mit alternativen Datierungen.

Die Finsternis am 2 . 3. 462 war nicht, wie Starke schreibt, eine SoFi, sondern eine MoFi. Text der Quelle "ab occasu solis luna in sanguinem plena conuertitur ". Diese fand am 2. 3. 983 statt.

Bei der Alternativdatierung des Autors der SoFi 2. 10. 1084 stimmt der Bedeckungsgrad von ca. 80 % in Tours mit der Angabe in der Quelle überein, "dass nur etwa ein Viertel ihrer Fläche sichtbar war". Bei der Datierung der offiziellen Geschichte 3. 10. 563 ist das nicht der Fall (deutlich unter 50 %).

Die Finsternis Mitte Oktober 590/ 18. 10. 1111 war nach Auffassung des Autors offensichtlich eine MoFi, und keine SoFi. Somit stimmt auch die Quellenangabe "Mitte Oktober", was nach offizieller Geschichte (4. 10.) nicht der Fall ist. Diese MoFi wird auch von Fredegar berichtet.

"295. Olympiade, 2. Jahr, 7. Regierungsjahr von Arkadius und Ho-
norius. Am 11. November gab es eine Sonnenfinsternis."

[Hydatius, Chronicon CCLXLV Olympi II]

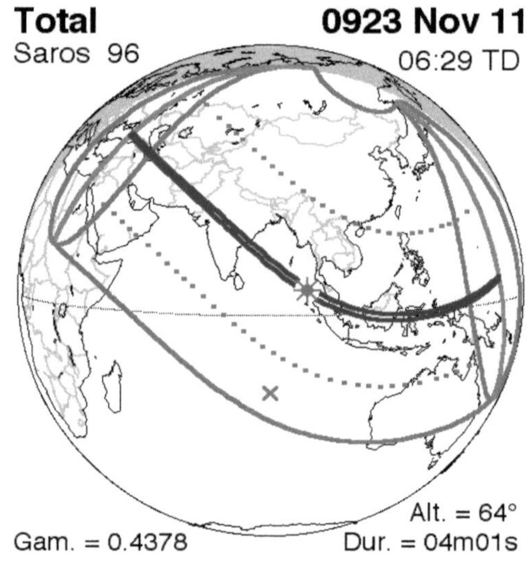

"299. Olympiade, 2. Jahr, 23. Regierungsjahr von Arkadius und Honorius. Am 19. Juli, einem Donnerstag, gab es eine Sonnenfinsternis"]

[Hydatius, Chronicon, CCXCIX Olympi II]

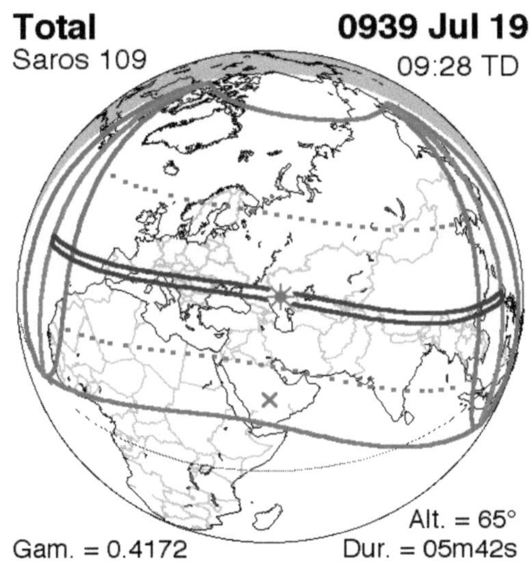

23. 12. 447   **22. 12. 968**

"306. Olympiade, 4. Jahr, 23. Regierungsjahr des Theodosius. Am 23. [24] Dezember, einem Dienstag, fand eine Sonnenfinsternis statt."

[Hydatius, Chronicon, CCCVI Olympi IIII]

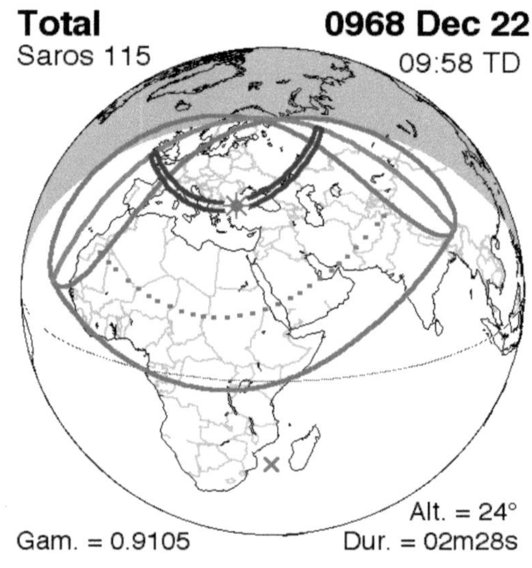

"308. Olympiade, 1. Jahr, 23. Regierungsjahr des Theodosius. In diesem Jahr gab es viele Anzeichen. Am 26. September wurde der Mond am östlichen Himmel verdunkelt."

[Hydatius, Chronicon, CCCVIII Olympi 1]

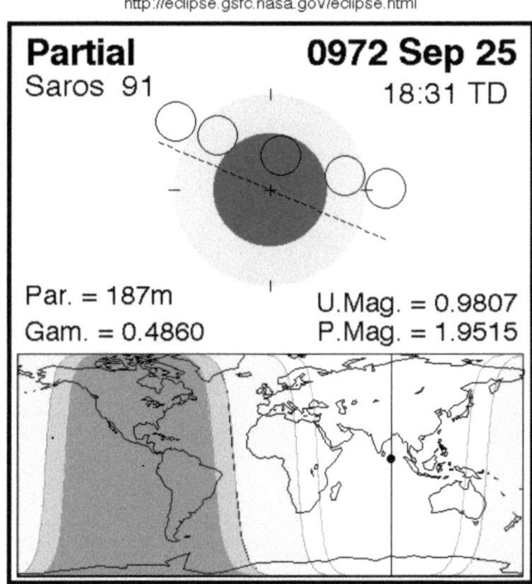

Five Millennium Canon of Lunar Eclipses (Espenak & Meeus)
NASA TP-2009-214172

"310. Olympiade, 1. Jahr, 2. Regierungsjahr von Maiorian in Italien und Leo in Konstantinopel. Am Mittwoch, dem 28. Mai, schien das Licht der Sonnenkugel von der vierten bis zur sechsten Stunde vermindert wie die Erscheinung eines Halbmondes am fünften oder sechsten Tag zu sein."

[Hydatius, Chronicon, CCCX Olympi I]

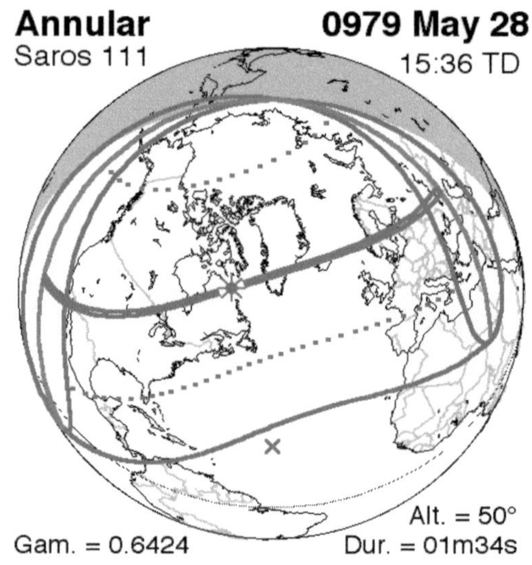

"311. Olympiade, 1. Jahr, 1. Regierungsjahr des Severus. In der Provinz Gallaecia wurden verschiedene unheilvolle Manifestationen gesehen. Im 500. Jahr der spanischen Ära, am 2. März, krähten die Hähne bei Sonnenuntergang und der Vollmond verwandelte sich in Blut. Dieser Tag war ein Freitag."

[Hydatius, Chronicon, CCCXI Olympi I, Zitat nach Starke 1993, S. 192]

Diese Finsternis war nicht, wie Starke schreibt, eine Sonnenfinsternis, sondern eine Mondfinsternis. Text der Quelle *"ab occasu solis luna in sanguinem plena conuertitur"* (bei Sonnenuntergang verwandelte sich der Vollmond in Blut).

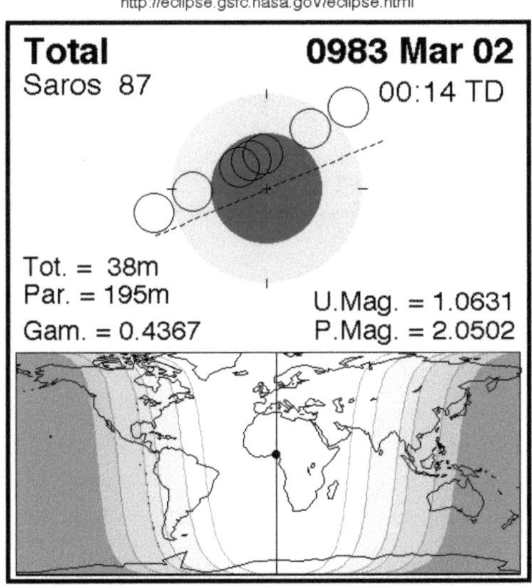

Five Millennium Canon of Lunar Eclipses (Espenak & Meeus)
NASA TP-2009-214172

"311. Olympiade, 3. Jahr, 3. Regierungsjahr des Severus. Am Montag, dem 20. Juli, wurde die Sonne von der dritten bis zur sechsten Stunde als in ihrem Licht vermindert wahrgenommen bis zum Erscheinen des Mondes am fünften Tag."

[Hydatius, Chronicon, CCCXI Olympi III]

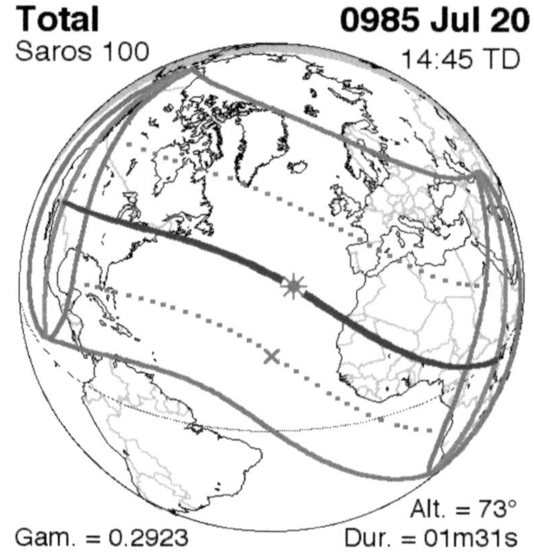

"Ein Jahr vor seinem Tod gab es verschiedene Vorzeichen. Es gab eine Sonnenfinsternis, die so ausgeprägt war, dass der Tag zur Nacht wurde, und die Dunkelheit war tief genug, dass die Sterne sichtbar wurden; sie fand im östlichen Horn des Zeichens Steinbock statt. Und die Almanache sagten eine weitere Sonnenfinsternis voraus, die nach dem ersten Jahr eintreten würde. Sie sagen, dass solche Ereignisse, die am Himmel beobachtet werden, auf Dinge hindeuten, die auf der Erde geschehen; so dass diese Finsternisse uns klar die Entbehrung und den Aufbruch im Lichte der Philosophie vorhersagten."

[Marinus, Life of Proclus, Chap. 37, Zitat nach Gautschy, S. 21]

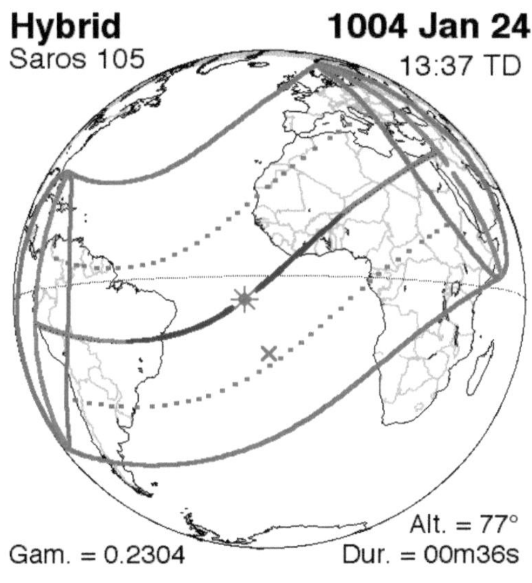

"Indikationsjahr 5, Anastasius ist Augustus und alleiniger Konsul. Es erschien eine Sonnenfinsternis."

[Marcellinus Comes, Chronicon, Zitat nach Newton 1972, S. 541, auch zitiert bei Starke 2013]

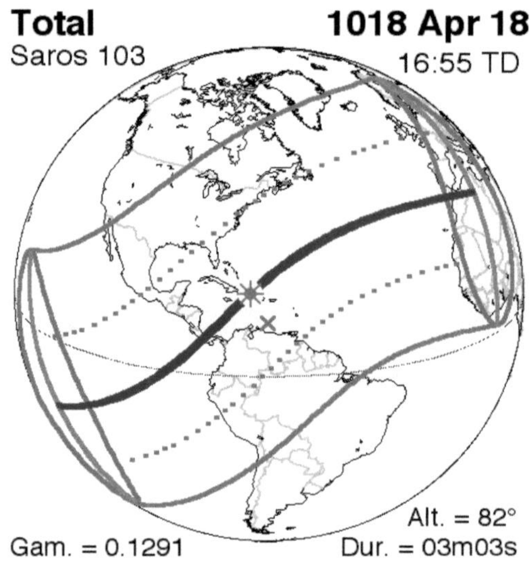

"512. Felix. In diesem Jahr erlitt die Sonne auf den Kalenden des Juli eine Sonnenfinsternis, und als der Vesuv am 8. Juli ausbrach, herrschte in der Nähe des Berges Dunkelheit."

[Paschale Campanum, Jahr 512, Zitat von Newton 1972, S. 455; auch Marcellinus Comes, Chronicon, zitiert bei Starke 2013]

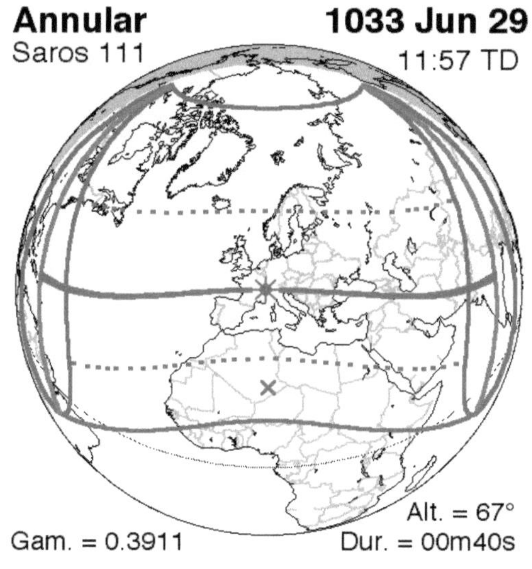

14. 2. 538   **15. 2. 1059**

"Im Jahr 538 ereignete sich am 16. Februar von der ersten bis zur dritten Stunde eine Sonnenfinsternis.

[Beda Venerabilis, Kirchengeschichte, V.24.1, Zitat von Newton 1970, S. 76]

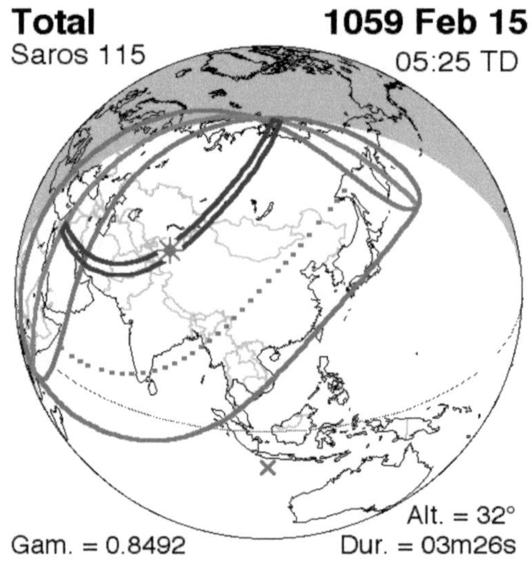

20. 6. 540   **20. 6. 1061**

"Im Jahr 540 ereignete sich am 20. Juni eine Sonnenfinsternis, und die Sterne erschienen während fast einer halben Stunde nach der dritten Stunde des Tages."

[Beda Venerabilis, Kirchengeschichte, V.24.1, Zitat von Newton 1970, S. 76]

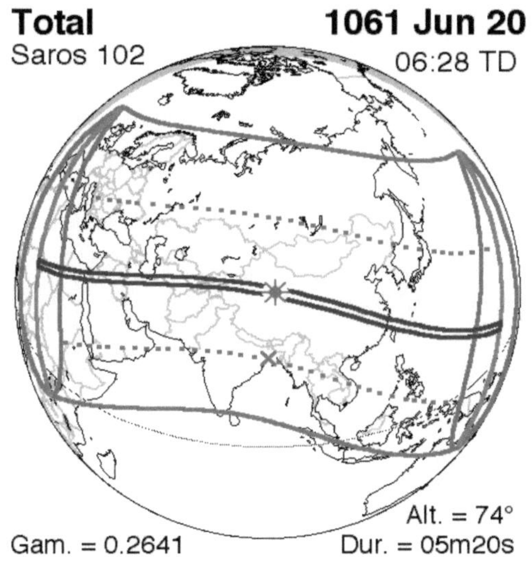

"Am ersten Oktobertag befand sich die Sonne einmal in einer Finsternis, so dass weniger als ein Viertel davon weiter schien, und der Rest war so dunkel und verfärbt, dass man sagen könnte, er sei aus Sackleinen. Dann erschien ein Stern, den einige einen Kometen nennen, ein ganzes Jahr lang über der Region, mit einem Schweif wie ein Schwert, und der ganze Himmel schien zu brennen, und viele andere Vorzeichen waren zu sehen."

[Gregor von Tours, 10 Bücher Geschichte, IV.31, Zitat von Gautschy, S.23]

Bei der Alternativdatierung des Autors der SoFi 2. 10. 1084 stimmt der Bedeckungsgrad von ca. 80 % in Tours mit der Angabe in der Quelle überein, "dass nur etwa ein Viertel ihrer Fläche sichtbar war". Bei der Datierung der offiziellen Geschichte 3. 10. 563 ist das nicht der Fall (deutlich unter 50 %).

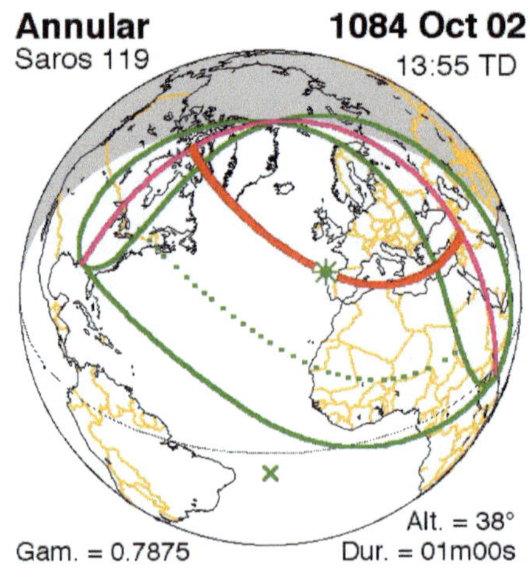

Five Millennium Canon of Solar Eclipses (Espenak & Meeus)

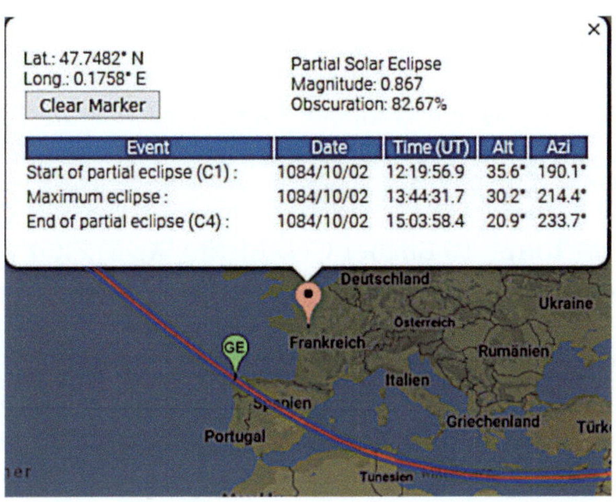

Abb. (oben): Bei der Alternativdatierung des Autors am 2. 10. 1084 stimmt der Bedeckungsgrad von ca. 80 % gut mit der Angabe in der Schriftquelle überein, dass weniger als ein Viertel der Sonne weiterschien. Außerdem ist der 2.10. näher an der Quellenangabe ("erster Oktober") als der 3. 10. der offiziellen Geschichte.

Abb. (unten): Die Datierung der offiziellen Geschichte 3. 10. 563. Die Bedeckung betrug unter 50 %. Das Datum kann daher nicht stimmen.
Quelle: https://eclipse.gsfc.nasa.gov

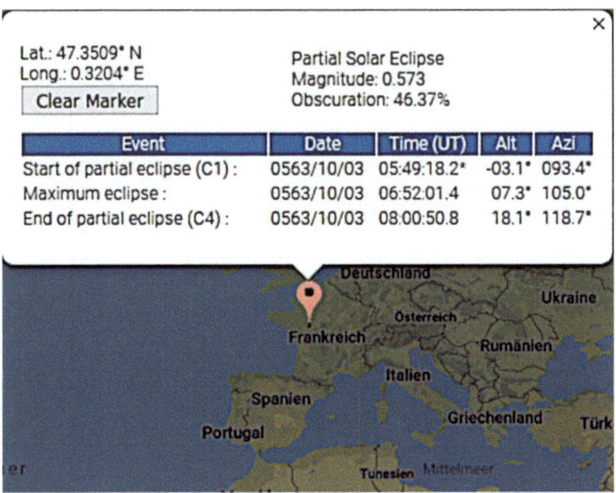

"In der Mitte des Monats Oktober verfinsterte sich die Sonne, und ihr Licht nahm so ab, dass sie kaum so groß blieb wie die Mondsichel am fünften Tag nach Neumond."

[Gregor von Tours, 10 Bücher Geschichte, X.23, Zitat von Starke 2013, S. 199]

Diese Finsternis war nach Auffassung des Autors offensichtlich eine Mondfinsternis, und keine Sonnenfinsternis. Somit stimmt auch die Quellenangabe "Mitte Oktober", was nach Datierung der offiziellen Geschichte (4. 10. 590) nicht der Fall ist. Diese Mondfinsternis wird auch von Fredegar berichtet.

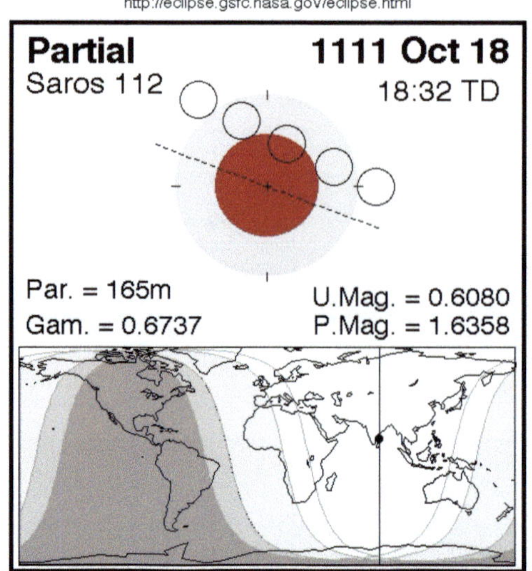

Five Millennium Canon of Lunar Eclipses (Espenak & Meeus)
NASA TP-2009-214172

Jesus Christus und Petrus
auf dem Kaiserthron

Abb. 108: H ANACTACIS (griechisch "die Auferstehung")

Der Auferstandene auf dem Kaiserthron

Eine bemerkenswerte Koinzidenz ist dem Autor dabei aufgefallen. Ausgehend von 521 würde dies für das Jahr 491 (Amtsantritt des byzantinischen Kaisers Anastasios I.) bedeuten: 521 + 491 = 1012. Das Jahr 1012 kommt für das erste Jahr des Auferstandenen, Jesus Christus, in Frage, wie z.B. in [Arndt 2010] beschrieben.

Anastasios heißt "der Auferstandene" und ist ein Synonym für Jesus Christus. Nach offizieller Geschichte konsolidierte Anastasios das Römische Reich nach der Reichskrise des 5. Jahrhunderts – eine wahre Auferstehung! Wegen seiner Münzreform beginnt in der Numismatik üblicherweise mit ihm das Byzantinische Reich.

Abb. 109: Münze des Auferstandenen als Krieger, Kaiser Anastasios I. (491-518)

Abb. 110: Jesus Christus als Krieger

Abb. 111: Jesus aus dem Alten Testament – erst nach der Bibel-Version Vulgata "Josua" genannt, jetzt chronologisch 1313 Jahre vor dem neutestamentlichen Jesus

Nach Überlieferungen gab es zu seiner Zeit Endzeiterwartungen. Die Wiederkunft von Jesus Christus soll erwartet worden sein. Einige sahen in Anastasios I. den Anti-Christus.

Abb. 112: Christus – oder Anti-Christus?

Petrus auf dem Kaiserthron

Sein Nachfolger auf dem Kaiserthron war der nur kurz
regierende Justin I. Danach wurde ein gewisser Petrus Kaiser,
unter dem Namen Justinian I. Als Kaiser war er in der
römischen Staatskirche auch der oberste Kirchenführer, so
etwas wie später im Westen die Päpste, von denen der erste
auch Petrus hieß.

Abb. 113: Barberini-Diptychon, dargestellt ist entweder
Kaiser Anastasios I. oder Justinian I.

Justinian I. trieb die Christianisierung entschieden voran und verfolgte Nichtchristen energisch. So führte er die Zwangstaufe für alle Kinder im Römischen Reich ein (außer für Juden), womit praktisch alle im Römischen Reich Geborenen zu Christen wurden (außer der Juden). Er ließ z.B. auch die Akademie Platons in Athen schließen.

Der Bruder dieses Petrus auf dem Kaiserthron hieß Paulus und war Konsul. Noch heute erinnert ein Gedenktag an die beiden Apostel und Kirchenväter Petrus, den Nachfolger des Auferstandenen, und Paulus.

Abb. 114: Petrus und Paulus als Gravur in einer römischen Katakombe

Damit wären diese (fiktiven) Namen der frühchristlichen Geschichte möglicherweise von der oströmischen Geschichte übernommen worden.

Aber es bleibt noch offen, ob tatsächliche historische Ereignisse mit diesen Finsternissen verknüpft sind (und wenn ja, welche) oder ob sie nur spätere Berechnungen darstellen.

Der Stern von Bethlehem

Im Matthäusevangelium wird von einer auffälligen Himmelserscheinung berichtet, die zum Zeitpunkt der Geburt von Jesus Christus sichtbar war.

"Als Jesus zur Zeit des Königs Herodes in Betlehem in Judäa geboren worden war, kamen Sterndeuter aus dem Osten nach Jerusalem und fragten: Wo ist der neugeborene König der Juden? Wir haben seinen Stern aufgehen sehen und sind gekommen, um ihm zu huldigen. … Und der Stern, den sie hatten aufgehen sehen, zog vor ihnen her bis zu dem Ort, wo das Kind war; dort blieb er stehen." [Matthäus 2,1.9]

Abb. 115: Anbetung der Könige, im Hintergrund der "Stern von Bethlehem"

Um was für ein Himmelsphänomen es sich bei diesem "Stern" handelt, ist offen. Es gibt verschiedene Theorien, die alle die Datierung der Geburt von Jesus Christus um den Beginn unserer Zeitrechnung herum voraussetzen. Die einen meinen, es wäre ein Komet oder eine Nova, andere meinen, es wäre eine auffällige Konjunktion von Jupiter und Venus oder Jupiter und Saturn.

Bei der Datierung des Erscheinens des Auferstandenen auf das Jahr 1012 (521 + 491), den Amtsantritt des byzantinischen Kaisers Anastasios I., kommt eine Nova in Frage.

Anastasios I. wird am 11. April 491 Kaiser, am Mittwoch vor Ostersonntag.

In den Chroniken wird übereinstimmend für das Jahr 1012 (+/- 6 Jahre) der Ausbruch einer Nova berichtet - ganz offensichtlich der "Stern von Bethlehem".

"Es sei im Frühjahr (zwei Quellen: Woche nach Ostern) ein neuer Stern am Himmel erschienen, der drei Monate am Tageshimmel neben der Sonne sichtbar gewesen sein soll."

[z.B. Annales Sangallenses, zitiert in Newton 1972, S. 106-107]

Laut Newton soll dieser Teil der Annales Sangallenses einen durchgängigen Fehler von 6 Jahren haben. Damit stimmt dann das Jahr 1012 ganz genau, da die Annales Sangallenses das Jahr 1006 nennen.

Thietmar von Merseburg [zitiert in Newton 1972, S. 108] gibt das Jahr 1013 für den *"neuen Stern am Tageshimmel"* an, ebenfalls nach Ostern.

Finsternis am Tag des Todes

Ein weiteres auffälliges Ereignis im Leben des Auferstandenen ist eine Finsternis am Tage seines Todes, über die übereinstimmend berichtet wird.

"Aber von der sechsten Stunde an kam eine Finsternis über das ganze Land bis zur neunten Stunde." [Matthäus 27,45]

Abb. 116: Kreuzigungsszene mit verdunkeltem Himmel, Tintoretto (1518–1594)

Um was für eine Finsternis es sich gehandelt hat – ein wolkenverhangener Himmel, ein starkes Unwetter oder eine Sonnenfinsternis usw. - bleibt offen.

Kaiser Anastasios I. starb nun während eines starken Unwetters am 8. oder 9. Juli 518. Dies ist, ausgehend vom Jahr 521, das Jahr 1039 n. Chr. (521 + 518).

Einige Autoren schrieben, er wurde vom Blitz erschlagen. Dies soll dann die Strafe für seine Sünden gewesen sein - Anastasios I., der Antichrist.

Aber gehen wir zurück zur fiktiven Geschichte des Neuen Testaments, die von der Realgeschichte des Kaisers Anastasios I. inspiriert wurde.

Jesus Christus soll 33 Jahre auf der Erde gelebt haben – einige Autoren sage, es waren 31 Jahre. Ausgehend von der Geburt im Jahre 1012 wäre er dann im Jahre 1045 gestorben (oder 1043).

Abb. 117: Die erste Darstellung der Kreuzigung Jesu Christi in einem Manuskript, datiert auf 586 n. Chr.

Eine Sonnenfinsternis zum Zeitpunkt seiner Kreuzigung ist physikalisch unmöglich. Sonnenfinsternisse finden nur bei Neumond statt. Jesus wurde aber an oder kurz vor einem

Pessachfest gekreuzigt, welches bei Vollmond bzw. in zeitlicher Nähe zu Vollmond gefeiert wird.

Es ist daher naheliegend, dass man rückblickend ganz einfach das Jahr verwechselt hat. Der eine berichtet über eine Kreuzigung an einem bestimmten Tag, der andere über eine Sonnenfinsternis zum selben Datum (aber tatsächlich in einem anderen Jahr), und ein paar Jahrzehnte später schreibt ein anderer (bzw. mehrere andere) die Ereignisse auf und vermischt beides.

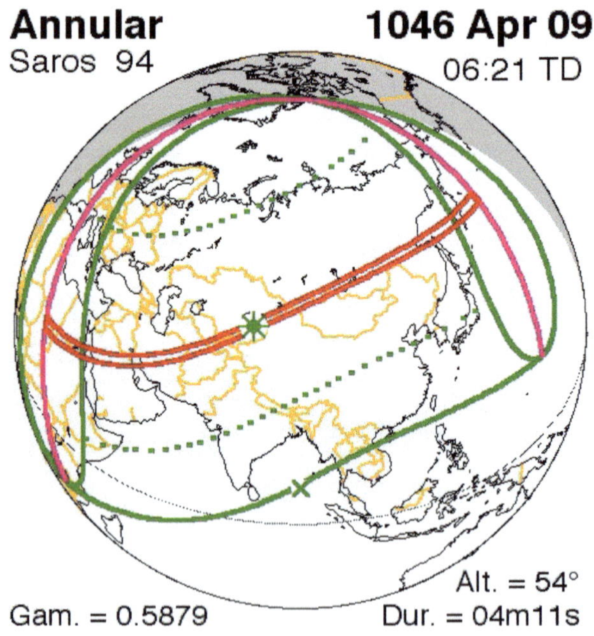

Abb. 118: Sonnenfinsternis am 9. 4. 1046 – die SoFi am Tag des Todes?

Das ist natürlich noch wahrscheinlicher für den Fall, dass die Kreuzigung fiktiv war, weil es dann keinen Bericht hätte geben können, der gegen eine Sonnenfinsternis genau zur Zeit der Kreuzigung gesprochen hätte.

Es gab eine Sonnenfinsternis im Nahen Osten am 9. 4. 1046 mit einem Bedeckungsgrad in Jerusalem von ca. 80 % nach Rückrechnung.

Vier Jahre zuvor, im Jahre 1042 ist (Kar-)Freitag der 9. 4. In den Jahren 1041, 1044 und 1048 ist der 14. Nisan des Jüdischen Kalenders ein Freitag – der Tag der Kreuzigung. Hier könnte nachträglich eine Vermischung der Überlieferung der Sonnenfinsternis 1046 am 9. 4. mit der Kreuzigung Jesu am 14. Nisan stattgefunden haben, egal ob real oder fiktiv.

Diese Vermischung könnte dadurch begünstigt worden sein, dass bei den frühesten Chronisten, die die Anno-Domini-Zeitrechnung verwenden (z.B. u. a. bei Otto v. Freising) die Jahreszahlen für Ereignisse der zweiten Hälfte des 3. Jahrhunderts n. Chr. durchgehend um 4-6 Jahre von den heutigen Jahreszahlen abweichen.

Die griechischen Finsternisse

Die griechischen Finsternisse vor der römischen Kaiserzeit lehnen sich an die Differenzen der auf Keilschrifttafeln überlieferten babylonischen Finsternisse an (1135 Jahre, siehe [Arndt 2012 S. 128ff.]). Die griechische Geschichte ist ja mit der orientalischen untrennbar verknüpft. Zu den babylonischen Finsternissen später mehr.

Die meisten Alternativdatierungen des Autors haben eine zeitliche Differenz zur Datierung der offiziellen Geschichte von 1121-1123 Jahren. Einzelne Finsternisse liegen 1119 und 1136 Jahre (siehe babylonische Finsternisse) später.

Bereits auf den Seiten 34 ff. wurden die drei Finsternis-Berichte des Thukydides während des Peloponnesischen Krieges ausführlich besprochen. Für diese konnte der Autor Alternativlösungen zu den Datierungen der offiziellen Geschichte im zeitlichen Abstand von 1123 Jahren finden - in den Jahren 693 => 700 => 711 n. Chr.

Auf die Astronomie des Ptolemäus und seine Finsternis-Berichte wird im übernächsten Kapitel näher eingegangen. Für alle Mondfinsternisse des Ptolemäus gibt es eine alternative Lösung, die konstant 1142 Jahre nach der Lösung der offiziellen Geschichte liegt.

Bericht	Ereignis	Datierung	Rück-rechnung	Alternative Datierung	Differenz in Jahren
Plinius u. a. (Thales SoFi)	SoFi	-583	28. 5. -584	20. 6. 540	1123
Thukydides	SoFi	-430	3. 8. -430	5. 10. 693	1123
Thukydides	SoFi	-423	21. 3. -421	23. 5. 700	1123
Thukydides	MoFi	-412	27. 8. -412	7. 4. 711	1123
Xenophon	MoFi	-405/04?	15. 4. -405	13. 1. 716	1121
Xenophon	SoFi	-404/03?	3. 9. -403	3. 6. 718	1121
Xenophon	SoFi	-394/93	14. 8. -393	8. 1. 726	1119
Diodor	SoFi	-363	13. 7. -363	15. 8. 760	1123
Arrian, Plutarch u. a. (Alexanderschlacht – es gibt auch eine babylonische Keilschrifttafel)	MoFi	20./21. 9. -330	20./21. 9. -330	21. 9. 796 oder 1. 9. 806	1126 1136
Diodor	SoFi	-309/08	15. 8. -309	14. 5. 812	1121
D. Laertios	MoFi	-128	5. 11. -128	30. 1. 994	1122

Tab. 6: Griechische Finsternisse der Antike nach Starke [S. 251 ff.] mit alternativen Datierungen, Teilweise sind zwei Möglichkeiten vorhanden. Rückrechnungen nach http://eclipse.gsfc.nasa.gov

Die drei Finsternisse des Thukydides wurden schon auf den Seiten 34 ff. besprochen.

Dies ist die erste überlieferte Vorhersage einer Sonnenfinsternis. Sie soll von Thales von Milet (ca. 624 – ca. 545 v. Chr.), dem angeblich ersten Naturphilosophen, stammen.

Nach dem griechischen Geschichtsschreiber Herodot (ca. 490/480 – ca. 430/420 v. Chr.) wurde das Erscheinen der Sonnenfinsternis als Omen interpretiert und unterbrach eine Schlacht in einem langjährigen Krieg zwischen den Medern und den Lydiern. Die Kämpfe wurden sofort eingestellt, und man einigte sich auf einen Waffenstillstand.

Der Science-Fiction-Autor (und Professor für Biochemie) Isaac Asimov (1920 - 1992) bezeichnete diese Schlacht als das früheste historische Ereignis, dessen Datum auf den Tag genau bekannt ist, und bezeichnete die Vorhersage als "die Geburt der Wissenschaft".

Doch bereits Otto Neugebauer (1899-1990) hatte deutlich gemacht, dass zu dieser Zeit niemand die Mittel hatte, um eine Sonnenfinsternis vorherzusagen.

Die Schriftquellen sagen:

"Danach brach [...] ein Krieg zwischen den Lydern und den Medern aus, der fünf Jahre lang mit verschiedenen Erfolgen andauerte. In seinem Verlauf errangen die Meder viele Siege über die Lyder, und die Lyder errangen auch viele Siege über die Meder. Unter ihren anderen Schlachten gab es auch einen Nachteinsatz.

Da die Waage jedoch nicht zu Gunsten einer der beiden Nationen geneigt war, fand im sechsten Jahr eine weitere Schlacht statt, in de-

*ren Verlauf, gerade als die Schlacht warm wurde, der Tag plötzlich
zur Nacht wurde. Dieses Ereignis war von Thales, dem Milenier,
vorhergesagt worden, der die Ionier davor warnte und dafür genau
das Jahr festlegte, in dem es tatsächlich stattfand.*

*Als die Meder und Lyder den Wandel beobachteten, stellten sie die
Kämpfe ein und waren gleichermaßen bestrebt, Friedensbedingun-
gen zu vereinbaren."*

[Herodot, Historien, 1.73–74]

*"Die ursprüngliche Entdeckung wurde in Griechenland von Thales
von Milet gemacht, der im vierten Jahr der 48. Olympiade (=585/4 v.
Chr.) die Sonnenfinsternis vorhersagte, die in der Regierungszeit
von Alyattes, im 170. Jahr (Varianten: 180., 120.) nach der Gründung Roms (=584/3 v. Chr.), stattfand."*

[Plinius, Naturgeschichte II, IX.53]

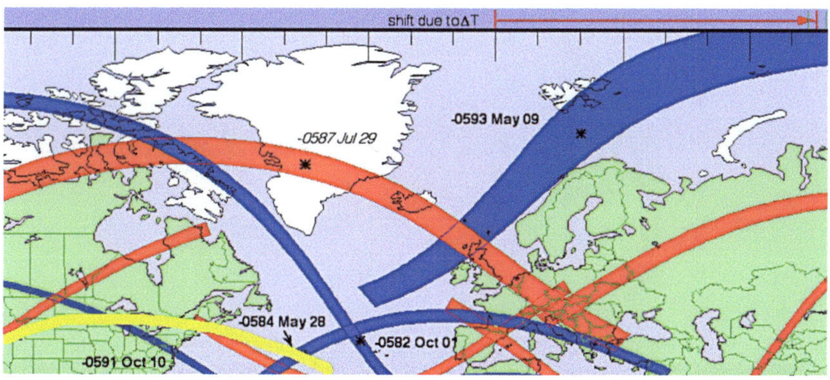

**Abb. 119: Die Sonnenfinsterniss 28. 5. -584 mit Delta-T-Änderung laut offizieller
Geschichte (blau) und ohne Delta-T-Korrektur in gelb (vom Autor eingefügt). Die
Verschiebung des Pfades wegen Delta-T-Veränderung ist auf der NASA-Karte (Ori-
ginal) oben vermerkt (shift due to ΔT). Quelle: http://eclipse.gsfc.nasa.gov**

Die Sonnenfinsternis vom 28. 5. 585 v. Chr. war aber in Wirklichkeit gar nicht in Kleinasien (Milet) zu sehen, wenn man die naturwissenschaftlich unbegründete Delta-T-Korrektur weglässt (siehe Abb. 119).

Man konnte diese Sonnenfinsternis gut in Nordamerika beobachten (gelber Pfad in Abb. 119). In einen späteren Kapitel wird gezeigt, dass auch die alten Babylonier eine Vorliebe für Vorhersagen von Finsternissen hatten, die man zwar nicht in Babylon beobachten konnte, aber in Amerika. So will es uns jedenfalls die offizielle Geschichte weismachen.

Eine passende Alternativdatierung gibt es 1123 Jahre später am 20. 6. 540.

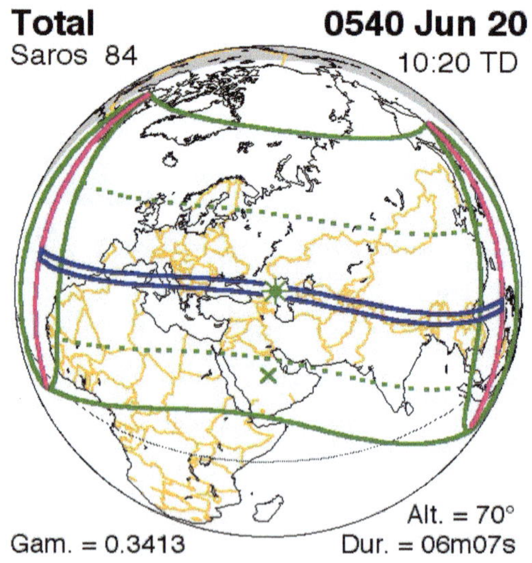

"Im folgenden Jahr, in welchem eines Abends eine Mondfinsternis eintrat, und in welchem der alte Tempel der Athena in Brand geriet, [unter den Ephoren Pityas und unter dem Archon Kallias in Athen] entsandten die Lakedaimonier an Stelle des Lysandros, dessen Amtszeit bereits abgelaufen war [24 Kriegsjahre waren jetzt verflossen], als Befehlshaber der Flotte den Kallikratidas."

(Hellenica I,6,1, Zitat nach Starke 2013, S. 117/118]

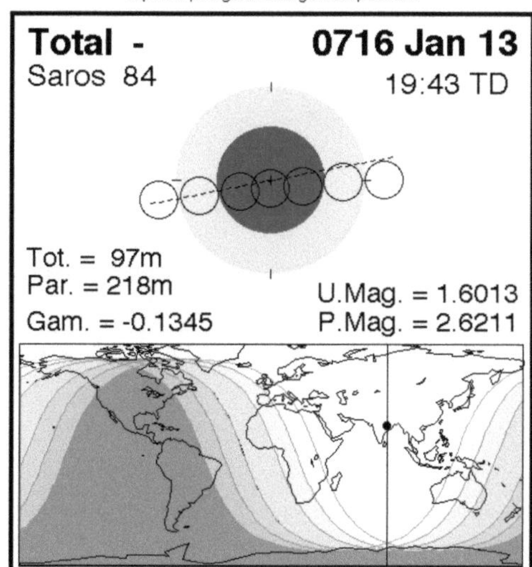

Five Millennium Canon of Lunar Eclipses (Espenak & Meeus)
NASA TP-2009-214172

"In der Nähe dieses Datums, etwa zur Zeit einer Sonnenfinsternis, besiegte Lycophron von Pherae, der sich zum Herrscher über ganz Thessalien machen wollte, im Kampf diejenigen unter den Thessaliern, die sich ihm entgegenstellten, nämlich die Larisäer und andere, und tötete viele von ihnen."

[Xenophon, Hellenica II 3.4, Zitat nach Gautschy, S. 6]

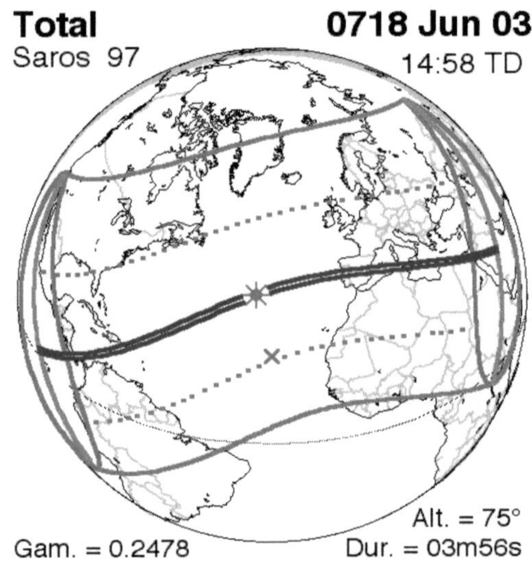

Five Millennium Canon of Solar Eclipses (Espenak & Meeus)

"Als er sich am Eingang zu Böotien befand, schien die Sonne halb-mondförmig zu erscheinen."

[Xenophon, Hellenica IV 3.10, Zitat von Gautschy, S. 6]

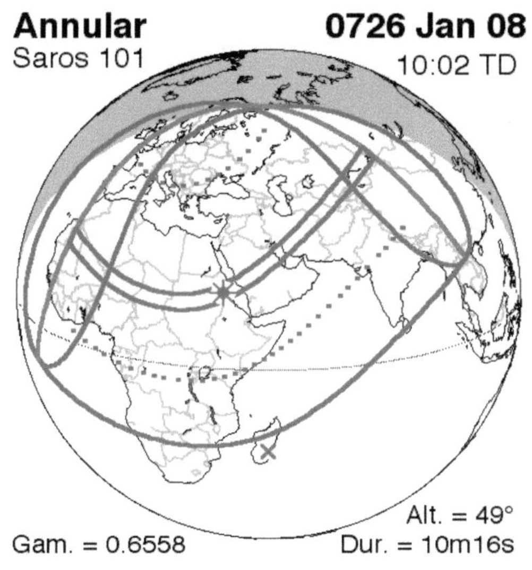

"Doch als Pelopidas mit seiner Armee eiligst aufbrach, wurde die Sonne, wie es geschah, in den Schatten gestellt."

[Diodor XV 80.2, Zitat von Gautschy, S. 7]

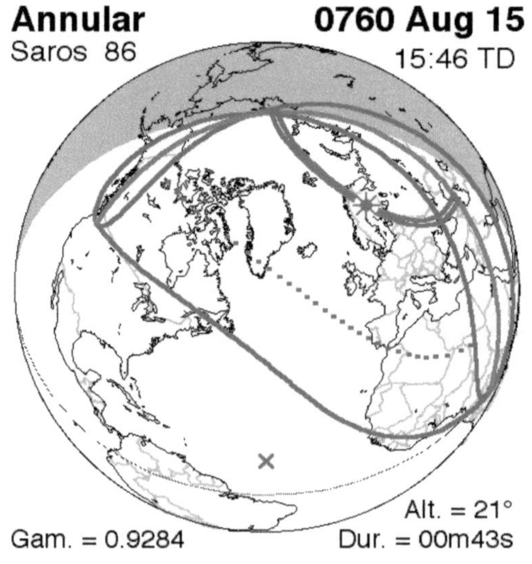

"Nachdem Alexander das ganze Land diesseits des Euphrat sich Untertan gemacht hatte, trat er den Marsch gegen Dareios an, der seinerseits an der Spitze eines Heeres von einer Million Mann herangezogen kam. ... Die große Schlacht gegen Dareios hat nicht bei Arbela, wie die meisten schreiben, sondern bei Gaugamela stattgefunden. ... Im Monat Boedromion, zu der Zeit, da in Athen die Mysterienfeier beginnt, trat eine Mondfinsternis ein, und als in der elften Nacht nach der Finsternis die Heere einander in Sicht gekommen waren, hielt Dareios seine Streitmacht unter Waffen und musterte die Abteilungen bei Fackelschein."

[Plutarch, Alexandros 31, Zitat von Starke, S. 121]

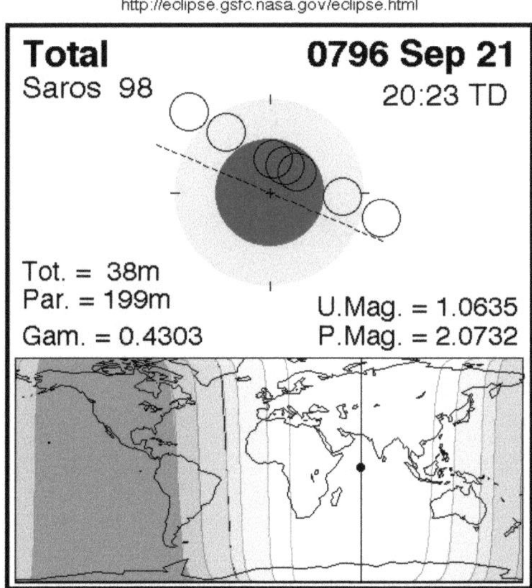

Five Millennium Canon of Lunar Eclipses (Espenak & Meeus)
NASA TP-2009-214172

"Am nächsten Tag ereignete sich eine solche Sonnenfinsternis, dass überall Sterne erschienen, es war wie in einer vollständigen Nacht."

[Diodor XX 5.6, Zitat von Gautschy, S. 7]

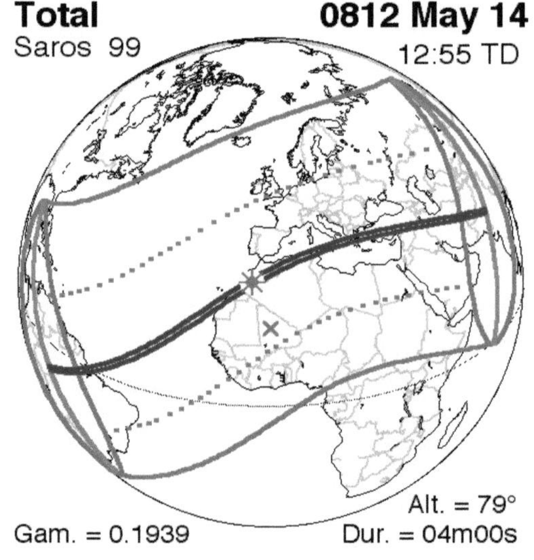

"Bei seinem [Karneades, hellenistischer Philosoph] Tod soll sich der Mond verfinstert haben, so als habe das nach der Sonne schönste Gestirn seine Sympathie bekunden wollen, wie man meinen könnte. Nach Apollodor in Chronika starb er im 4. Jahr der 162 Olympiade mit 85 Jahren.

[Diogenes Laertios, IV, 64-65, Zitat nach Starke, S. 143]

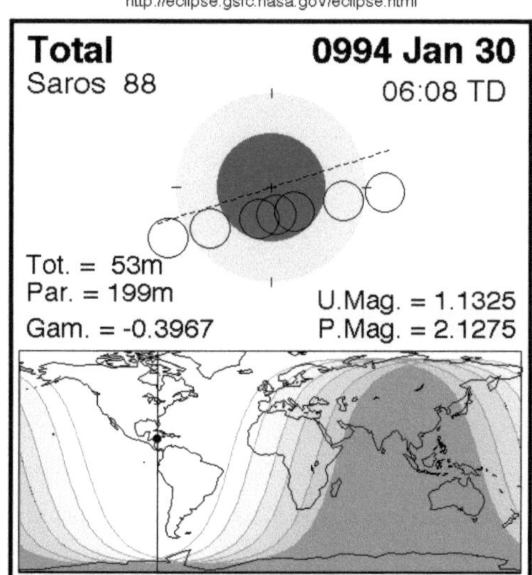

Five Millennium Canon of Lunar Eclipses (Espenak & Meeus)
NASA TP-2009-214172

Konsequenzen der Alternativdatierung

Was ergibt sich nun aus der Alternativdatierung des Autors?
Folgende Tabelle zeigt die Anzahl der Finsternisse laut Datierung der offiziellen Geschichte.

Jahrhundert	Anzahl Sonnenfinsternisse	Anzahl Mondfinsternisse	Anzahl Finsternisse gesamt
- 8.	0	3	3
- 7.	0	1	1
- 6.	1	2	3
- 5.	3	3	6
- 4.	3	4	7
- 3.	0	1	1
- 2.	0	5	5
- 1.	0	1	1
1.	5	2	7
2.	1	4	5
3.	3	0	3
4.	7	0	7
5.	8	1	9
6.	5	0	5

Tabelle 7: Anzahl der Finsternisse je Jahrhundert nach offiziellen Geschichte

Es ist keine Entwicklung in der Zuverlässigkeit der Finsternis-Berichte über die gesamte Antike hinweg erkennbar. Darüber hinaus gibt es seltsame Lücken vom -3. bis -1. Jahrhundert bei den Sonnenfinsternis-Berichten und ab dem 3. Jahrhundert bei den Mondfinsternis-Berichten.

Bei der Alternativdatierung des Autors sieht die Tabelle dagegen völlig anders aus:

Jahrhundert n. Chr.	Anzahl Sonnenfinsternisse
6.	1
7.	1
8.	5
9.	5
10.	6
11.	11
12.	6

Tabelle 8: Alternative Zuordnung der zuverlässigen Finsternis-Berichte laut Autor

Nach der Alternativdatierung des Autors ergibt sich eine konstante Zunahme an zuverlässigen Finsternis-Berichten. Im 12. Jahrhundert beginnen die europäischen, dem Mittelalter zugeordneten Finsternis-Berichte (zuvor nur Einzelfälle), mit denen zusammen die 20er Marke je Jahrhundert überschritten wird.

(In dieser Tabelle tauchen sie natürlich nicht auf, da es in der Analyse nur um antike Finsternis-Berichte bis zum 6. Jahrhundert laut offizieller Geschichte geht, die chronologisch falsch eingeordnet sind.)

Zwei wesentliche Ergebnisse der Alternativdatierung des Autors:

1) Es ist keine naturwissenschaftlich unbegründete Delta-T-Korrektur notwendig wie in der Version der offiziellen Geschichte.

2) Es ergibt sich ein kontinuierlicher Anstieg der Anzahl der zuverlässigen, für die Überprüfung der Chronologie relevanten Sonnenfinsternis-Berichte – im Gegensatz zur offiziellen Version.

    Der Rückgang im 12. Jahrhundert kommt daher, dass Berichte dieser Zeit zunehmend richtig mittelalterlichen Quellen zugeordnet werden, und nicht mehr den antiken, die in der offiziellen Geschichte falsch datiert sind.

    Dazu passt der Wendepunkt in der Delta-T″-Kurve sowie in Newtons D″ der Elongation des Mondes um 1100 (siehe Seite 63/64).

Die Astronomie des Claudius Ptolemäus

Statt einer Einführung

Als Einführung in die Astronomie des Claudius Ptolemäus soll diese abschließende Zusammenfassung aus Robert Newtons "The Crime of Ptolemy" (Das Verbrechen des Ptolemäus) von 1977 dienen, vor allem zu dessen astronomischem Hauptwerk, der "Syntaxis" (auch "Almagest" genannt):

"Alle seine eigenen Beobachtungen, die Ptolemäus in der Syntaxis verwendet, sind betrügerisch, soweit wir sie testen können. Viele der Beobachtungen, die er anderen Astronomen zuschreibt, sind ebenfalls Betrügereien, die er begangen hat. Seine Arbeit ist gespickt mit theoretischen Fehlern und mit Verständnisfehlern. Seine Modelle des Mondes und des Merkur stehen in heftigem Konflikt mit elementaren Beobachtungen und müssen als Fehlschläge gewertet werden.

Durch sein Schreiben der Syntaxis haben wir viel von der echten Arbeit der griechischen Astronomie verloren. Dagegen können wir nur einen möglichen Aktivposten setzen, und es ist fraglich, ob dies ein Beitrag ist, den Ptolemäus selbst geleistet hat. Dieses mögliche Gut ist das für die Venus und die äußeren Planeten verwendete Äquivalenzmodell, und Ptolemäus mindert seinen Wert erheblich durch seine ungenaue Verwendung.

Es ist klar, dass keine von Ptolemäus gemachte Aussagen akzeptiert werden kann, wenn sie nicht von Schriftstellern bestätigt wird, die in den fraglichen Fragen völlig unabhängig von Ptolemäus sind. Alle Forschungen entweder in der Geschichte oder in der Astronomie, die sich auf die Syntaxis gestützt haben, müssen nun erneut durchgeführt werden.

Ich weiß nicht, was andere denken mögen, aber für mich gibt es nur eine abschließende Beurteilung: Die Syntaxis hat der Astronomie mehr Schaden zugefügt als jedes andere jemals geschriebene Werk, und die Astronomie wäre besser dran, wenn es sie nie gegeben hätte.

Ptolemäus ist also nicht der größte Astronom der Antike, aber er ist etwas noch Ungewöhnlicheres: Er ist der erfolgreichste Betrüger in der Geschichte der Wissenschaft.“ [Newton 1977, S. 378/379]

Abb. 128: Claudius Ptolemäus (ca. 100-170 n. Chr.)

Claudius Ptolemäus hat also nach Robert Newtons detaillierten Erkenntnissen angeblich selbst gemachte Beobachtungen erfunden, also nur (ungenau) berechnet, sowie Beobachtungen, die er anderen zuschreibt, ebenfalls nur berechnet.

Newton beschreibt auch, was passiert, wenn ein Historiker die Finsternis-Berichte des Ptolemäus studiert. Er sieht die Listen von Königen und deren Regierungszeiten. Er sieht auch, dass Ptolemäus z.B. eine Mondfinsternis in das erste Jahr von König Mardokempad datiert (19. 3. -720), in einem bestimmten Monat und in einem bestimmten Jahr des ägyptischen Kalenders (des Ptolemäus), zu einer bestimmten Uhrzeit und mit einer Beschreibung des Grades der Bedeckung des Mondes.

Der Historiker nutzt Ptolemäus´ Königsliste und dessen ägyptisches Datum, um das Datum in unserem Kalender zu finden.

Dann findet er durch astronomische Berechnungen heraus, dass es an dem betreffenden Tag eine Finsternis gab, die der Uhrzeit und Beschreibung von Ptolemäus nahe kommt. Die Übereinstimmung zwischen Ptolemäus und der modernen Astronomie scheint perfekt.

Daraus schließt der Historiker, dass die Königsliste des Ptolemäus richtig ist und er nutzt sie als Basis für die babylonische Chronologie.

Aber es gibt überhaupt keine Beweise. Das Kernproblem ist, dass es möglicherweise überhaupt keine babylonischen Aufzeichnungen gibt.

Ptolemäus erfand mit Sicherheit viele Finsternisse, möglicherweise sogar alle. Als er sie erfand, spielte es keine Rolle, ob er eine richtige Königsliste hatte oder nicht. Jede Königsliste, unabhängig von ihrer Genauigkeit, würde anscheinend durch Finsternisse verifiziert werden [nach Newton 1977, S. 374].

Es ist bemerkenswert, dass F. Richard Stephenson, um die Chronologie der Antike zu retten, gerade auf die Finsternis-Berichte des Claudius Ptolemäus zurückgreift.

Für seine Delta-T-Werte (die auch Grundlage der NASA-Berechnungen sind) in der Zeit zwischen 66 v. Chr. (Babylonische Finsternis-Berichte) und Mitte des 5. Jahrhunderts (Chinesische Finsternis-Berichte) ist er auf Ptolemäus sowie dessen Kommentator Theon von Alexandria angewiesen [siehe Stephenson 1997].

Ganze zwei Finsternis-Berichte überbrücken in Stephensons Delta-T-Phantasiewelt 500 Jahre! (siehe Seite 50 ff.) Dazu kommen noch 6 weitere Finsternisse des Ptolemäus in der Zeit zuvor.

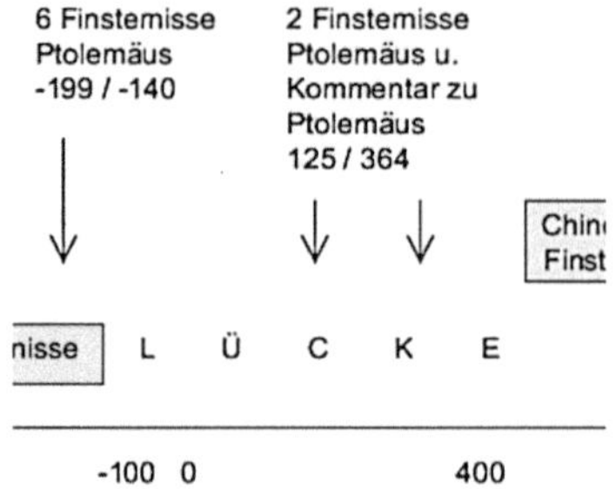

Grafik 21: Die Lücke von 500 Jahren in der Antike wird gerade mit Finsternissen gestopft, die mit Ptolemäus verknüpft sind, dem nach Robert Newton "erfolgreichsten Betrüger in der Geschichte der Wissenschaft" (vollständige Grafik siehe S. 59).

Ptolemäus ist Teil eines viel größeren Problems

Was Robert Newton nicht erwähnt: Natürlich ist Ptolemäus nicht der einzige Betrüger. Er ist vielmehr ein typisches Beispiel für die Art von Wissenschaft, die die Grundlage der im 16. Jahrhundert festgelegten offiziellen Chronologie ist.

Was bei der offiziellen Geschichte auffällt, ist das dogmatische Kleben an einer vor etwas mehr als 400 Jahren im Auftrag der katholischen Kirche von Joseph Justus Scaliger und Dionysius Petavius eingeführten Chronologie der Antike, die vor allem Griechen, Römer, Babylonier, Ägypter und Israeliten umfasst.

Grundlage bildeten u. a. die Bibel sowie andere Sagen und Legenden der Vergangenheit. Die heutige Geschichtswissenschaft kann die Herkunft der Universitäten aus den Klosterschulen nicht verbergen und ist von der Methodologie her nicht weit entfernt von der Theologie (siehe hierzu auch das Buch des Autors *"Die wohlkonstruierte Chronologie"*).

Abb. 129: Im Buch *"Die wohlkonstruierte Chronologie"* werden nach einer Einführung in die Geschichtsanalytik und in die Historische Chronologie (Kalender und Zeitrechnungen) die Strukturen der Konstruktion der Zeitrechnungen analysiert und offengelegt. Der Autor zeigt anhand von Beispielen die Konstruktion von Daten der Geschichte. So werden Duplikate in der Chronologie erzeugt, die dann nach Ausstattung mit Schriftquellen Bestandteil der Geschichte werden.

Die Vertreter der offiziellen Geschichte haben die "kopernikanische Wende" noch nicht geschafft, vertreten also ein mittelal-
terliches Weltbild, was die Geschichte betrifft. Und dieses wird
mit Geschichtsanalytik aufgedeckt.

Geschichtsanalytiker und Chronologiekritiker üben nun Kritik
an dieser heute noch vorhandenen Bibeltreue der Historiker
und verwenden ein anderes Paradigma. Aber wie das bei neu-
en Paradigmen in der Wissenschaft oftmals so ist: In der Regel
setzen sie sich nicht durch, indem man die Vertreter alter Paradigmen überzeugt, sondern ganz einfach dadurch, dass letztere aussterben, und die Heranwachsenden dann mit dem neuen
Paradigma aufwachsen.

**Abb. 130: "Wir leben alle unter dem gleichen Himmel, aber wir haben nicht alle
den gleichen Horizont." (Konrad Adenauer)**

Die Mondfinsternisse

Die Finsternisse des Claudius Ptolemäus stellen traditionell einen Sonderfall dar, wie schon erwähnt und auch begründet wurde. Für alle Mondfinsternisse des Ptolemäus gibt es eine alternative Lösung, die konstant 1142 Jahre (+ 33/34 Tage bei fast allen) nach der Lösung der offiziellen Geschichte liegt.

Hierbei stimmen sogar die Uhrzeiten weitgehend überein. Nur der Bedeckungsgrad entspricht in der offiziellen Lösung meistens besser den Angaben in den Quellen. Hier wird noch zu prüfen sein, ob eine andere Berechnungsmethode zu anderen Ergebnissen führt.

Für die Bewertung meines Ergebnisses ist natürlich eines von entscheidender Wichtigkeit:

Bei den Finsternis-Triaden des Ptolemäus ist in den Quellen auch die Uhrzeit angegeben, und zwar für Alexandria.

Es ist also zwingend erforderlich, dass die tatsächliche Uhrzeit der Mondfinsternis nicht allzu sehr von der in der Quelle abweicht. Genau das trifft für meine Alternativdatierung zu, die ziemlich nahe an der offiziellen Datierung liegt. Es ist ausgeschlossen, das es eine weitere Differenz gibt, bei der diese vier Triaden eine genauso gute Übereinstimmung mit den Quellen haben.

In der folgenden Tabelle sind alle 19 Mondfinsternisse des Ptolemäus aufgelistet, darunter auch die vier Triaden, die nach offizieller Geschichte auf -720/719/719, -382/381/381, -200/199/199 und 133/134/136 datiert sind.

Datum traditionell	Uhrzeit traditionell	Bedeckung traditionell	Datum alternativ	Uhrzeit alternativ	Bedeckung alternativ
-0720 Mar 20	00:20:20	T	0422 Apr 23	00:08:11	P, > 75%
-0719 Mar 09	02:32:11	P, < 10 %	0423 Apr 12	03:07:14	T
-0719 Sep 01	22:43:06	P, 40 %	0423 Oct 05	22:59:03	T
-620 Apr21	07:19:16	P, < 10 %	0522 Jun 24	22:06:12	N
-522 Jul 17	01:23:12	P, 50 %	0620 Aug19	02:05:18	N
-0501 Nov 20	01:41:38	P, 10 %	0641 Dec 23	05:14:18	N
-490 Apr 26	00:21:38	P, < 10 %	652 Jun 27	07:56:56	P, 10 %
-0382 Dec 23	09:15:28	P, < 25 %	0761 Jan 25	10:45:27	N
-0381 Jun 18	22:23:07	P, 25 %	0761 Jul 21	22:40:15	N
-0381 Dec 13	00:15:56	T	0762 Jan 15	01:35:12	P, 25 %
-0200 Sep 22	20:21:52	P, 75 %	0942 Oct 26	23:04:38	N
-0199 Mar 20	02:31:27	T	0943 Apr 23	02:16:28	P, fast 100 %
-0199 Sep 12	03:55:36	T	0943 Oct 16	05:22:35	P, fast 100 %
-173 May 1	03:10:54	P, 60 %	0969 Jun 03	01:45:37	T
-140 Jan 27	23:21:10	P, 10 %	1002 Mar 01	23:51:54	T
-125 Apr 5	21:18:32	P, < 10 %	1017 May 13	15:53:23	P, 40 %
0133 May 06	23:20:42	T	1275 Jun 09	23:56:24	N
0134 Oct 20	23:16:55	P, > 75 %	1276 Nov 23	02:33:30	T
0136 Mar 06	04:05:42	P, 25 %	1278 Apr 09	04:24:08	N

Tabelle 9: Die 19 Mondfinsternisse des Ptolemäus
(T = total, P = partiell, N = penumbral)

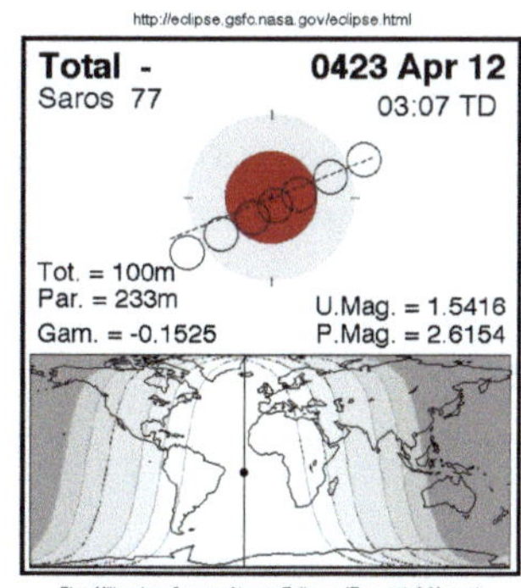

Abb. 130: Die erste Finsternis-Triade des Ptolemäus, nach offizieller Geschichte auf -720/719/719 datiert.

Die vier Triaden von Mondfinsternissen des Ptolemäus hat auch Robert Newton detailliert beschrieben [Newton 1977, S. 114 und S. 119].

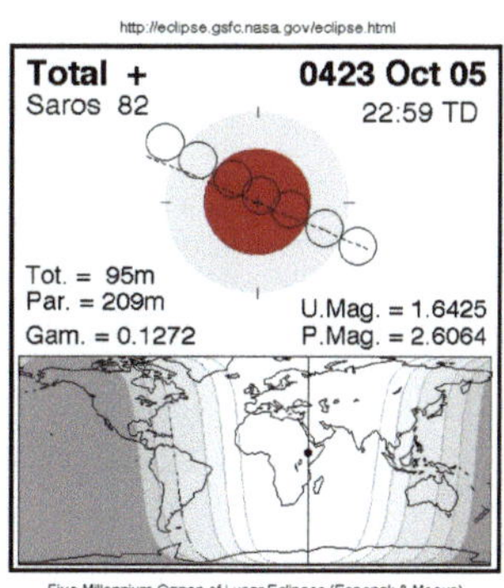

Zählt man die in der Beobachtung sehr auffälligen Mondfinsternisse, die entweder total waren oder über 75 % Bedeckung aufwiesen, so gibt es in der alternativen Datierung acht, und in der traditionellen nur sechs. In der alternativen Datierung gibt es aber mehr penumbrale Finsternisse.

Dieser vermeintliche Gleichstand relativiert sich sofort, wenn man berücksichtigt, dass die traditionellen Datierungen mit diesem Bedeckungsgrad nur durch einen Zirkelschluss zustande gekommen sind – durch Delta-T-Werte, mit deren Hilfe die Übereinstimmung möglichst groß wird.

Die genannte Alternativdatierung der Mondfinsternisse des Ptolemäus liefert also Ergebnisse ohne naturwissenschaftlich unbegründete Zusatzannahmen, wie sie die traditionelle Datierung erfordert.

Abb. 131: Claudius Ptolemäus,
nach Robert Newton der erfolgreichste Betrüger in der Geschichte der Wissenschaft

Babylonische Finsternisse

**Der überraschende Fund der babylonischen Keilschrift-
tafeln**

Die alten Babylonier hatten zwar Amerika noch nicht entdeckt,
berechneten aber u. a. partielle Mondfinsternisse mit einem
Bedeckungsgrad von unter 50 %, die nur in Amerika sichtbar
waren (sowie an den Ufern des Pazifik), im Zweistromland
aber nicht, z. B. die vom 9. April 731 v. Chr. Das behauptet allen Ernstes die offizielle Geschichte.

Abb. 132: Der Turmbau zu Babel, Gemälde von Pieter Bruegel (1563)

Aber das Berechnen von partiellen Mondfinsternissen für Beobachter in Amerika war ihnen nicht genug.

Nein, sie meißelten ihre Berechnungen auch noch in Keilschrifttafeln, die Jahrtausende im Wüstensand vergraben waren!

Die Keilschrifttafeln, auf denen u. a. auch Himmelsbeobachtungen dokumentiert waren, wurden seit der 2. Hälfte des 19. Jahrhunderts gefunden. Vorher hatte erstaunlicherweise niemand überhaupt gewusst, dass es diese Keilschrifttafeln der Babylonier überhaupt gab. Man kannte bis zu dieser Zeit nämlich nur Keilschrifttafeln der Perser.

Abb. 133: Dass Assyrische Reich herrschte in Babylonien vom 9. - 7. Jahrhundert v. Chr.

Ohne diese Keilschrifttafeln wäre eine nach heutigen Maßstäben astronomisch halbwegs wissenschaftlich nachvollziehbare
astronomische Einordnung der frühmittelalterlichen und antiken Finsternisse aus Europa überhaupt nicht möglich.

Die Glaubwürdigkeit der Chronologie der römisch-griechi-
schen Antike, die seinerzeit Scaliger mit Hilfe der damaligen
Astronomie so eingeordnet hatte, hängt entscheidend von diesen babylonischen Keilschrifttafeln ab, da es keine einzige eu-
ropäische Finsternis dieser Zeit gibt, die man zuverlässig astronomisch datieren kann (keine präzisen Beschreibungen der
Finsternisse).

Die babylonischen Finsternisse sind quasi der Rettungsanker
vor dieser Zeit, ohne den die römisch-griechische Antike astro-
nomisch-chronologisch vollkommen freischwebend wäre -
nach heutigen Maßstäben, aber noch nicht nach Maßstäben
Scaligers.

**Abb. 134: Babylonische Keilschrift-
tafel mit einer Karte von Babylonien,
Assyrien und Armenien**

Erst die Araber ab dem 9. Jahrhundert (und zuvor angeblich schon die Chinesen ab dem 5. Jahrhundert) liefern nach den alten Babyloniern - 1000 Jahre zuvor! - wieder präzise Beobachtungen bzw. halbwegs präzise Rückrechnungen.

In Europa gibt es solche präzisen Beobachtungen bzw. halbwegs präzisen Rückrechnungen erst ab Mitte des 12. Jahrhundert (zuvor nur Einzelfälle, die Zufallstreffer sein können).

Der Delta-T-Wert driftet aber bereits seit dem 16. Jahrhundert (also genau vor Scaliger & Co.) in danach bis in die Gegenwart nie gekannte Bereiche ab, um dann vor dem 11. Jahrhundert vollkommen außer Rand und Band zu geraten, weshalb die NASA für alle Übersichtskarten davor die naturwissenschaftlich nicht nachvollziehbaren Korrekturen vermerkt. Sehr löblich von der NASA, dass das nicht einfach unterschlagen wird!

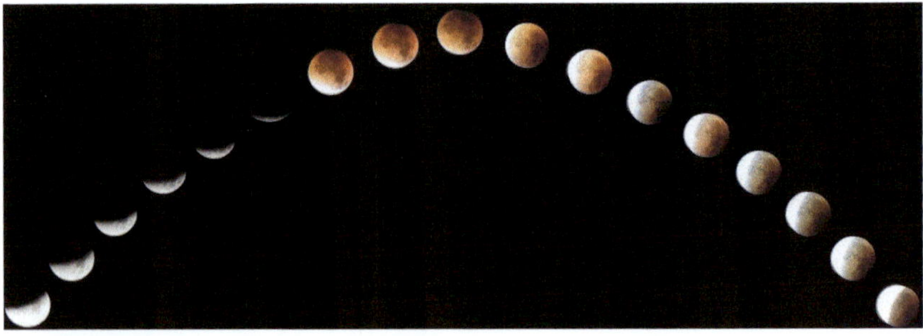

Abb. 135: Totale Mondfinsternis (28. 9. 2015)

Aber zurück zum Finsternis-Bericht, der von der offiziellen Geschichte einer Mondfinsternis am 9. 4. 731 v. Chr. zugeordnet wird.

Der Bericht dieser Mondfinsternis wurde auf einer Keilschrifttafel aufgezeichnet, die in der zweiten Hälfte des 19. Jahrhunderts gefunden wurde. Heute befindet sich diese Keilschrifttafel im British Museum in London.

Diese Mondfinsternis begann in Babylonien etwa um 9:55 Uhr Ortszeit und hatte um 12:15 Uhr ihr Maximum. Sie konnte also dort gar nicht beobachtet werden. Zudem war es nur eine partielle Mondfinsternis, bei der der Monat weniger als zur Hälfte bedeckt war.

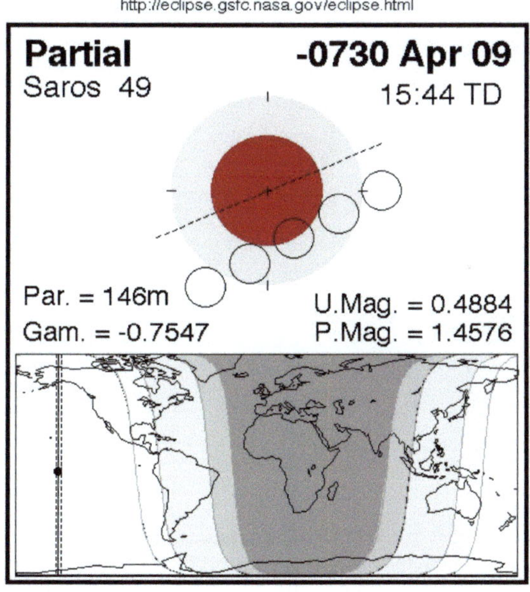

Five Millennium Canon of Lunar Eclipses (Espenak & Meeus)
NASA TP-2009-214172

Abb. 136: Die Mondfinsternis vom 9. April 731 v. Chr. war in Babylon nicht sichtbar.

Selbst mit Delta-T-Berechnungstricks war die Mondfinsternis nicht in Babylonien sichtbar. Es gibt keinen Hinweis darauf, dass es sich nur um eine Vorhersage handelt.

Als kleiner Vorgriff auf später Erklärtes: Genau 1135 Jahre minus 9/10 Tage später ereignete sich eine totale Mondfinsternis, die auch in Babylon am Abend gut beobachtbar war und sicherlich eindrucksvoll gewesen sein muss.

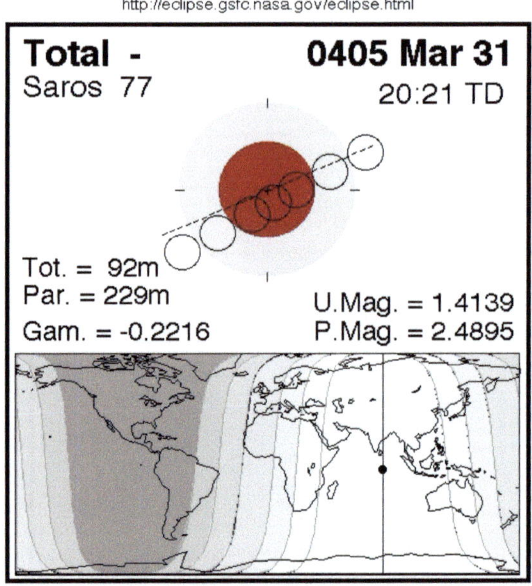

Abb. 137: Die totale Mondfinsternis 1135 Jahre minus 9/10 Tage später am 31. 3. 405 n. Chr. war in Babylon nach Sonnenuntergang gut sichtbar.

Auffälligkeiten bei den babylonischen Finsternissen

Erstaunlicherweise war man in Babylon schon 1000 Jahre vor anderen Gegenden in der Welt wesentlich genauer mit den Aufzeichnungen von Himmelsbeobachtungen, die zudem auch noch weitgehend mit heutigen Rückrechnungen übereinstimmen.

Die Keilschrifttafeln, auf denen u.a. auch Himmelsbeobachtungen dokumentiert waren, wurden seit der zweiten Hälfte des 19. Jahrhunderts gefunden. Die Übersetzung der sprachlich teils recht einfach gestrickten Keilschrifttafeln erfolgte seinerzeit in Zusammenarbeit von Historikern, Sprachwissenschaftlern und Astronomen. Dabei wurde z. B. auch erst definiert, welches Wort denn nun für welchen Himmelskörper oder welches Sternbild zu verwenden ist.

Da man hierbei natürlich überhaupt nicht an der Gültigkeit der offiziellen Chronologie zweifelte, war auch klar, welche Planeten oder Sternbilder erwartet werden konnten, und welche nicht. Genügend Lücken und fehlende Bruchstücke gibt es zudem.

Eine Rückrechnung der Sonnenfinsternisse war zum Zeitpunkt der Auffindung und Übersetzung Mitte/Ende des 19. Jahrhundert problemlos möglich. 1887 erschien bekanntlich Oppolzers berühmter "Canon der Finsternisse". Daher ist nicht auszuschließen, dass der erstellte Wortschatz für die Astronomie bereits durch Erwartungen vorgeprägt war, und man somit nur das reproduzierte, was man erwartete am Himmel zu sehen.

Übrigens hat man nach der großen Einkaufstour der europäischen Museen in Mesopotamien Ende des 19. Jahrhunderts (wobei oft der archäologische Kontext unklar ist) keine einzige Tontafel mit astronomischem Inhalt mehr gefunden.

Aber: Im Gegensatz zu den Tontafeln sind die Münzen jener Zeit seit Alexander dem Großen (336 - 323 v. Chr.) griechisch beschriftet, bis zum Ende der Arsakiden-Dynastie (Partherreich) 224 n. Chr.

Abb. 138: Der Leichenzug Alexanders des Großen, der 331 Babylon eroberte und 323 in Babylon starb. Er wurde dann in Alexandria in Ägypten beigesetzt.

Abb. 139: Münze des seleukidischen Königs Antiochus IV. (215-164 v. Chr.), der auch über Babylon herrschte, mit griechischer Beschriftung,

Bereits zuvor seit 558 v. Chr. herrschten die Perser in Mesopotamien, deren Amtssprache übrigens damals das dem Hebräischen nahe Aramäisch war. Dies sind beides westsemitische Sprachen wie auch Arabisch (im Gegensatz zum ostsemitischen Akkadisch = Babylonisch + Assyrisch). Aramäisch war bereits 1000 v. Chr. neben Akkadisch getreten.

Was sollen daher komplett babylonische Keilschrifttafeln ohne griechische oder aramäische Texte in dieser Zeit?

Die ältesten verwertbaren astronomischen Aufzeichnungen beginnen bei 730 v. Chr. Das (Alt-)Babylonische Reich entstand aber nach offizieller Geschichte schon über 1000 Jahre zuvor.

Die akkadische Sprache selbst (wozu neubabylonisch gehört) begann man auch erst Ende des 18. Jahrhunderts zu entdecken, als die ersten Tontafeln nach Europa kamen. Zuvor waren nur persischsprachige bekannt.

Abb. 140: Die Nachfolgereiche des Reiches Alexanders des Großen

Die anscheinend so gute Übereinstimmung der aufgezeichneten Sonnenfinsternisse mit heutigen Rückrechnungen besteht allerdings nur unter drei Voraussetzungen:

1)   Man wählt den Wert für Delta-T (die Differenz zwischen Universal Time und Terrestrial Time, die durch Schwankungen der Erdrotation entsteht) für betreffende Zeit gerade so, dass die Sonnenfinsternisse passen. Das nennt man einen Zirkelschluss.

2)   Man folgt der seltsamen Auffassung der offiziellen Geschichte und Astronomie, die behaupten, die Babylonier hätten die Planeten bei ihren Beobachtungen vollkommen ohne Systematik notiert.

3)   Man folgt blind der offiziellen Interpretation der Keilschrift-Texte, deren Schriftzeichen nun wirklich nicht alle gut lesbar sind, deren Erstübersetzung aber vor über 100 Jahren in Zusammenarbeit von Historikern und Astronomen erfolgte.

Eine Alternativdatierung der babylonischen Finsternisse

Lässt man diese Annahmen fallen, so findet man für alle babylonischen Sonnenfinsternis-Berichte die tatsächlichen Ereignisse, die 1135 Jahre später liegen (700 + 435) (i. d. R.: 1135 oder 1132/33, Ausnahmen bis -14 Jahre). 435 Jahre ist der Abstand zwischen der Seleukiden-Ära (-311) und der von Claudius Ptolemäus eingeführten, von den Babyloniern aber nie benutzten Nabonasser-Ära (-746), die hier möglicherweise verwechselt wurden, so dass es zu dieser Differenz kommen konnte.

Die offizielle Geschichte behauptet, die Reihenfolge beim Aufschreiben der Planeten habe sich im Laufe der Zeit mehrfach verändert, ohne dass eine Erklärung dafür gefunden wurde.

Ab der Seleukidenzeit hätte man durchgängig folgende verwendet (kurz vorher waren noch Saturn und Merkur vertauscht): Mond, Sonne, Jupiter, Venus, Merkur, Saturn, Mars [Boll Sp. 2561, Kugler S. 13, Neugebauer S. 690].

Das ist vollkommen unsystematisch, und die offizielle Geschichte/Astronomie gesteht ein, keine Erklärung dafür zu haben.

Ich schlage daher Folgendes vor: Die Reihenfolge der Planeten (sowie Sonne und Mond) folgt der siderischen Umlaufzeit.

Ein siderisches Jahr entspricht der Dauer eines vollständigen Umlaufs eines Planeten (sowie Mond und Sonne im geozentrischen System) durch den Tierkreis von einer Fixsternposition aus, bis er dieselbe Position wieder erreicht hat.

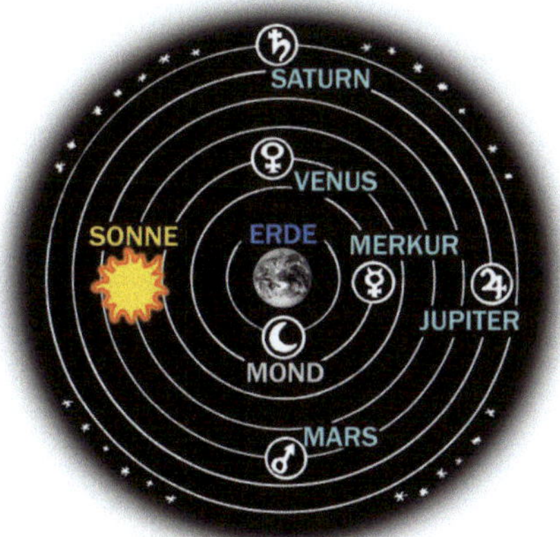

Abb. 141: Das geozentrische System mit der Erde im Mittelpunkt

Abb. 142: Wochentags-Heptagramm. Die Himmelskörper sind im Uhrzeigersinn – ausgehend vom Saturn (Samstag) links unten – in der Reihenfolge ihrer siderischen Umlaufzeit angeordnet. Der nächstfolgende Wochentag ergibt sich durch die grünen Linien entsprechend der beschriebenen Regel, z.B. Samstag → Sonntag (ganz oben) → Montag (rechts unten) usw.

Objekt	siderische Periode
Saturn	29,46 Jahre
Jupiter	11,86 Jahre
Mars	686,98 Tage
Sonne	365,26 Tage
Venus	224,7 Tage
Merkur	87,98 Tage
Mond	27,32 Tage

Tabelle 10: Siderische Perioden im geozentrischen System

Entsprechend der aus Babylon stammenden und heute noch gebräuchlichen Sieben-Planetenwoche (dies Solis, Lunae, Martis, Mercurii, Iovis, Veneris, Saturni, also inklusive Sonne und Mond) folgt bekanntermaßen der Wochentag folgender Regel:

Der Tag ist in 24 Stunden unterteilt. Jede Stunde wird nacheinander von einem Planeten regiert, umlaufend in der Reihenfolge der siderischen Umlaufzeit. Der 1. Tag beginnt mit dem Saturn. Die sieben Planeten (inklusive Sonne und Mond) wiederholen sich also an einem Tag dreimal. Danach folgen die ersten 3 bis zur 24. Stunde. Der 2. Tag beginnt dann also mit dem 4., der Sonne. dasselbe wiederholt sich stündlich. Der 3. Tag beginnt dann mit dem Mond usw., also unsere bekannten Wochentage (3 x 7 + 3 = 24) [Boll].

Dasselbe auf den Monat mit 29 Tagen angewandt, und nur mit den 5 Planeten (ohne Sonne und Mond), hat dann folgende Sequenz zur Folge (5 x 5 + 4 = 29): Saturn, Venus, Jupiter, Merkur, Mars.

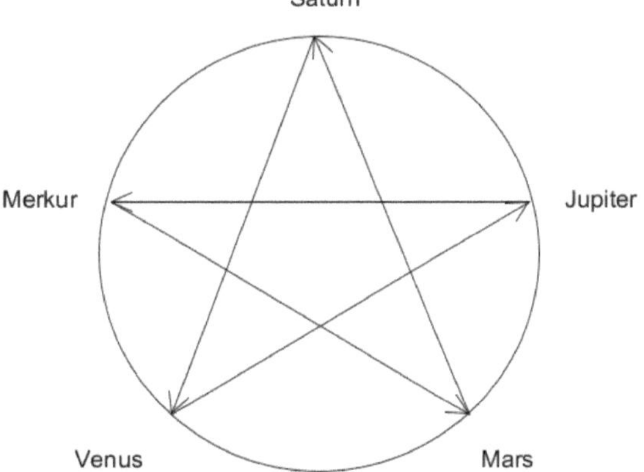

Grafik 22: Die in der Antike bekannten Planeten, angeordnet im Uhrzeigersinn in der Reihenfolge ihrer siderischen Umlaufzeit, bei Saturn beginnend.

Man erkennt die Wochentage in der richtigen Reihenfolge rückwärts vom Samstag (dies Saturni) bis zum Dienstag (dies Martis).

Die richtigen Übersetzungen bei den astronomischen Berichten lauten also wie folgt:

Bisherige Zuordnung	**Alternative Zuordnung**
Saturn	Jupiter
Venus	Venus
Jupiter	Merkur
Merkur	Saturn
Mars	Mars

Tabelle 11: Alternative Zuordnung der Planetennamen

Die Sonnenfinsternis von 136 v. Chr.

Der Pfad der vieldiskutierten babylonische Sonnenfinsternis von 136 v. Chr. [Hunger und Sachs, Schmidt] auf der Erdoberfläche verläuft eigentlich überhaupt nicht über Babylon, sondern über Mittel- und Südwesteuropa. Auf Mallorca war sie z. B. gut zu beobachten.

Nur durch die willkürliche Annahme physikalischer Anomalien in der entfernten Vergangenheit und eine damit zusammenhängende Korrektur des Delta-T-Wertes verläuft der Pfad der Sonnenfinsternis Tausende Kilometer weiter östlich und über Babylon.

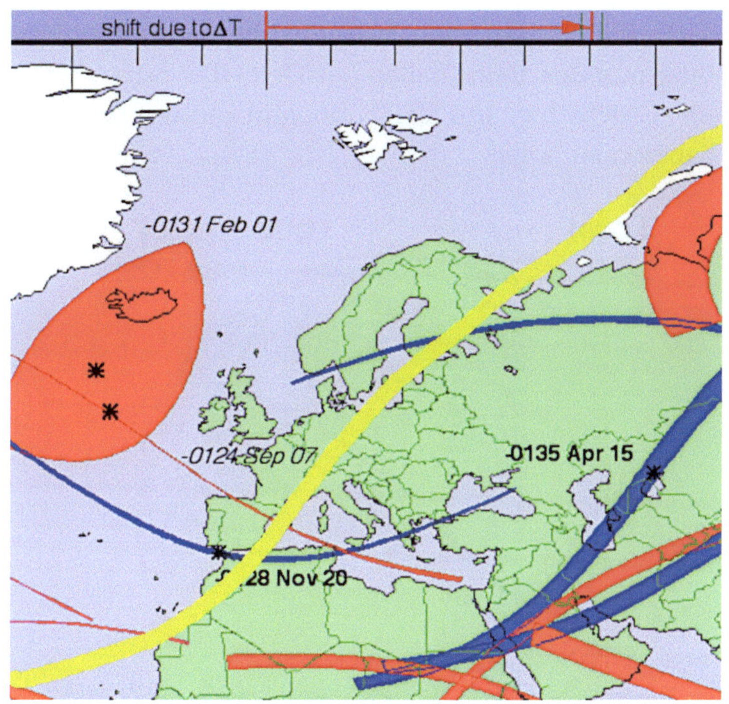

Abb. 143: Der Pfad der Sichtbarkeit der Sonnenfinsternis am 15. 4. 136 v. Chr. (-135)
mit Delta-T-Korrektur in blau (siehe (shift due to ΔT oben), und ohne Delta-T-
Korrektur gelb (vom Autor eingefügt). Die SoFi war demnach eigentlich in Mittel-
und Südwesteuropa sichtbar, aber keinesfalls in Babylon.
Quelle: http://eclipse.gsfc.nasa.gov

Bei einer Differenz von 1135 Jahren minus 8 Tagen liegt die
Sonnenfinsternis im Jahre 1000, und zwar am 7. 4.

Bei derzeitigem Delta-T-Wert hat diese Sonnenfinsternis über
80 % Bedeckung in Babylon. Bei einer Normalisierung von
Delta-T landet sie ein paar Grad weiter westlich, so dass sie in
Babylon total ist.

Das ist etwas völlig anderes, als die willkürliche Annahme eines völlig aus der Reihe fallenden Delta-T-Wertes durch die offizielle Geschichte, um die Sonnenfinsternis von Mallorca nach Babylon zu holen.

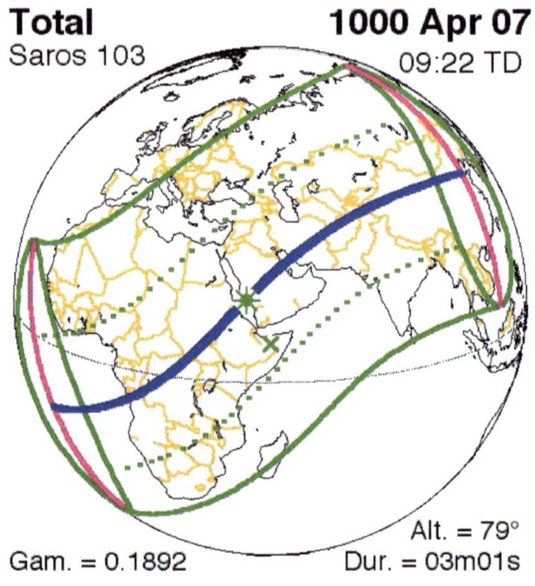

Abb. 144: Die Sonnenfinsternis am 7. 4. 1000. Dies ist die SoFi, deren Bericht auf den Keilschrifttafeln von der offiziellen Geschichte irrtümlich dem 15. 4. 136 v. Chr. zugeordnet wird.

Berichte zu dieser Sonnenfinsternis sind gleich auf zwei Keilschrifttafeln überliefert. Weiterhin ist auf einer der Keilschrifttafeln auch eine Mondfinsternis im selben Monat beschriebe, sowie Planetenbeobachtungen vier Tage vor der Sonnenfinsternis und unmittelbar danach.

Der Text der ersten Keilschrifttafel zur Sonnenfinsternis lautet:

"SE 175, [König] Arsaces, [Monat XII]. Am 29., bei 24 Grad nach Sonnenaufgang, Sonnenfinsternis; als sie auf der Süd- und Westseite begann, [...] waren [Ven]us, Merkur und die Normalen Sterne sichtbar; Jupiter und Mars, die sich in ihrer Periode der Unsichtbarkeit befanden, waren in ihrer Finsternis sichtbar [...] sie warf (den Schatten) von Westen und Süden nach Norden und Osten ab; 35 Grad Beginn; maximale Phase und Aufklärung; in ihrer Finsternis wehte der Nordwind [zum Westen? ...]."
[Stephenson 1997, S. 129/130]

Die Datierung ist SE 175, d.h. das Jahr 175 der Seleukiden-Ära, die im Jahre 311/312 v. Chr. beginnt. Aus 311 + 175 resultiert das Jahr 136 v. Chr., dem dieser Bericht zugeordnet wird.

Der Text der zweiten Keilschrifttafel lautet:

"SE 175 Monat XII. Am 29., bei 24 Grad nach Sonnenaufgang, Sonnenfinsternis; sie begann an der Südwestseite und wurde bei 18 Grad gegen Mittag völlig total. (Zeitintervall von) 35 Grad für Beginn, maximale Phase und Aufklärung."
[Stephenson 1997, S. 136]

Nach bisherigen Übersetzung des ersten Berichtes waren während der Sonnenfinsternis die Planeten Venus, Merkur, Jupiter und Mars sichtbar.

Wenn man die alternative Zuordnung der Planetennamen berücksichtigt, so waren tatsächlich sichtbar: Venus (= Venus), Saturn (= Merkur), Merkur (= Jupiter) und Mars (= Mars).

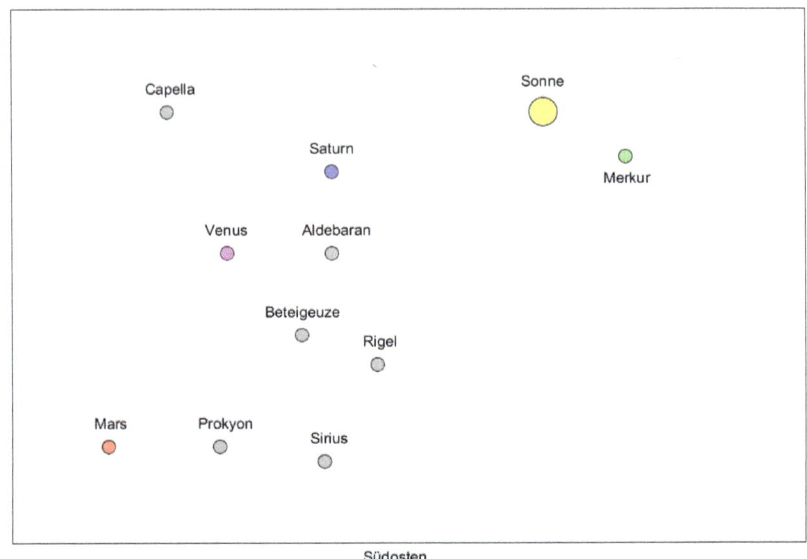

Grafik 23: Die Sichtbarkeit der Planeten Merkur, Venus, Saturn und Mars sowie heller Sterne während der totalen Sonnenfinsternis am 7. 4. 1000. Jupiter war gerade untergegangen. Kurz danach ging der Mars auf.

Die "Periode der Unsichtbarkeit" von Jupiter und Mars auf der Keilschrifttafel könnte man also auch so interpretieren, dass sie sich gegenseitig nicht "sehen" können. Somit könnten u. U. auch die konventionellen Namen passen, wenn man berücksichtigt, dass Saturn möglicherweise zu schwach war, um sichtbar zu sein.

Allerdings ist nicht klar, was tatsächlich mit "Periode der Unsichtbarkeit" gemeint ist, so dass die alternative Zuordnung der Planetennamen des Autors besser passt.

Merkur befand sich der Sonne recht nahe, und war daher normalerweise nicht sichtbar. Die Identifikation mit dem Jupiter passt auch hier, da die "Periode der Unsichtbarkeit" auch auf der Tontafel notiert ist, aber der Planet bislang als "Jupiter" übersetzt wurde.

Unmittelbar nach der Sonnenfinsternis, in der folgenden Nacht, folgt eine Planetenbeobachtung, die Venus betreffend.

"Als die Venus im Osten stationär wurde, stand sie 2 Finger vor Beta Tauri, 1 Finger tief nach Süden."
[Text der Keilschrifttafel BM 45745]

Die Venus stand in der Tat direkt neben Beta Tauri (Sternbild Stier), wie auf der Tontafel beschrieben. Kurz darauf hatte sie den Punkt ihres Stillstands erreicht!

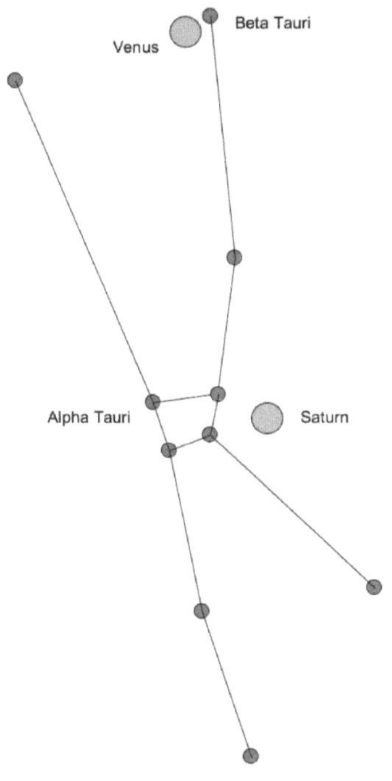

Grafik 24: Das Sternbild Stier mit der Venus direkt neben Beta Tauri am 7. 4. 1000 und dem Saturn neben Alpha Tauri vier Tage zuvor. Die Venus steht ungefähr an derselben Stelle wie am 15. 4. -135 und der Saturn steht ungefähr dort, wo 1135 Jahre zuvor der Merkur stand.

Vier Tage zuvor stand ein Planet direkt neben Alpha Tauri (Sternbild Stier), aber nicht der Merkur, wie bisher übersetzt, sondern der Saturn.

"[Na]cht des 25, im ersten Teil der Nacht, befand sich Merkur 4 Ellen über Alpha Tauri. Am 25. wehte der Nordwind, ..."
[Text der Keilschrifttafel BM 45745]

Etwas mehr als zwei Wochen vor der Sonnenfinsternis, am 22. 3., gab es eine Mondfinsternis. Die Position des Mondes ist praktisch identisch zu der von 136 v. Chr. im Sternbild Jungfrau.

"[...] ein paar Heuschrecken griffen an. Nacht des 12., die ganze Na[cht] ....
[...]
[...] 4 Finger unter Gamma Virginis ..... der Scheibe ausgesetzt.
Der 13., Wolken [.....] der Himmel [.....]"

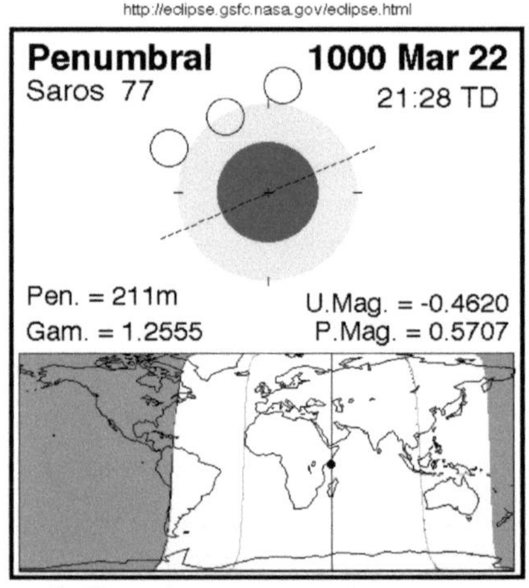

Abb. 143: Die Mondfinsternis vom 22. 3. 1000, in engem zeitlichem Zusammenhang zur Sonnenfinsternis vom 7. 4. 1000.

Zum Zeitpunkt der Mondfinsternis befand sich also der Mond unter dem Stern Gamma Virginis (Sternbild Jungfrau). Dies stimmt gut mit heutigen Rückrechnungen überein.

Es handelte sich um eine penumbrale Mondfinsternis, also um eine Halbschatten-Finsternis. Daher ist von keiner "Finsternis" die Rede. Und es wurde auch nicht der gesamte Mond vom Halbschatten bedeckt (zur Geometrie der Mondfinsternis siehe Seite 35).

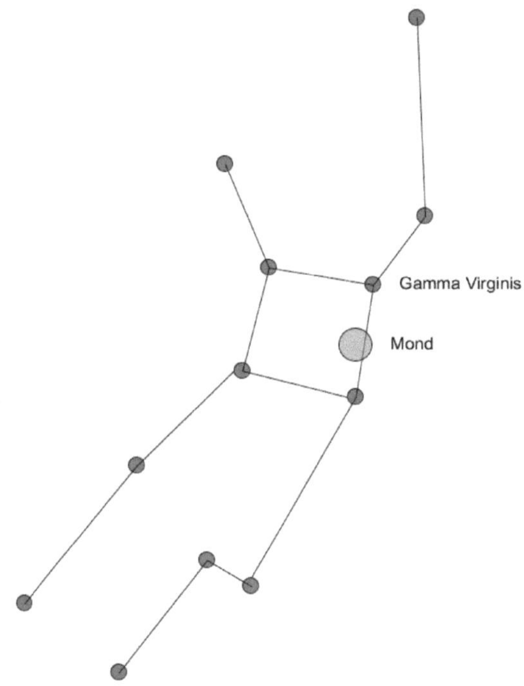

Grafik 25: Das Sternbild Jungfrau mit dem Mond unter Gamma Virginis zum Zeitpunkt der Mondfinsternis am 22. 3. 1000.

Zusammenhänge der Zeitrechnungen

Die Sonnenfinsternis von -135 = 1000 u.Z. ist auf den Keilschrifttafeln mit 175 SE (Seleukiden-Ära) datiert. Die Seleukiden-Ära beginnt dann 825 n. Chr. und nicht 311/312 v. Chr. wie laut offizieller Geschichte.

Im Jahre 825 beginnt auch der indische Malayalam-Kalender! Er hat zwölf Monate nach den Sternzeichen des Tierkreises wie der persische Kalender, und sieben Wochentage nach der Sieben-Planeten-Woche. Sieht alles recht babylonisch (chaldäisch) aus [vgl. auch Bennedik].

Die Ursprünge des Malayalam-Kalenders sind in der offiziellen Geschichte nicht völlig geklärt. Eine Theorie zur Entstehungsgeschichte besagt, dass zwei syrische Heilige, Mar Sapir and Mar Prot, im 9. Jahrhundert in Südwestindien missionarisch tätig waren und dabei diese Zeitrechnung einführten.

Abb. 144: Der syrische Heilige Mar Sabor, Darstellung in seiner Grabeskirche zu Thevallakara, Kerala, Indien

Die Seleukiden-Ära beginnt nach traditioneller Chronologie im Jahre 312/311 v. Chr. (je nach Jahresanfang). In dieser werden die Jahre seit der Einnahme Babylons durch den späteren König Seleukos I. (358-281 v. Chr.) gezählt.

Seleukos I. war ein Feldherr Alexanders des Großen, der nach dessen Tod im Jahre 323 v. Chr. einer der Herrscher der Nachfolgereiche des Alexanderreiches wurde, das sich bis nach Indien erstreckte. Das Reich des Seleukos umfasste zum Zeitpunkt seiner größten Ausdehnung Mesopotamien, Persien, Baktrien (in Zentralasien), Syrien, Palästina und Teile Kleinasiens.

Abb. 145: König Seleukos I. auf einer Münze

Diese Jahreszählung wurde nicht nur im Seleukidenreich, sondern nach offizieller Geschichte auch in anderen Regionen des Orients über Jahrhunderte hinweg benutzt. Die Seleukidische Ära ist daher eine der wichtigsten Jahreszählungen überhaupt.

Der Abstand der Seleukiden-Ära (-311) von der Nabonasser-Ära (-746) beträgt 435 Jahre. Daher beginnt die Nabonasser-Ära nach dieser Umrechnung 390 n. Chr. Das liegt dann 310/311 Jahre vor dem Jahr 700 n. Chr. (bei unterschiedlichen Jahresanfängen), und 621/622 Jahre (das ist die Hedschra) vor dem Jahre 1011/1012.

1011/1012, dies ist das von mir vorgeschlagene Geburtsjahr von Jesus Christus (das sich ja aus 258 a.u.c. nach Lupus + 753 ergibt, siehe hierzu den Internet-Artikel des Autors *"Lupus Protospatharius Barensis und ein Versuch der Rekonstruktion der Chronologie"*)

Weitere babylonische Finsternisse mit Planetenangaben

Die veränderte Übersetzung der Planetennamen führt auch bei den beiden anderen zuverlässigen Sonnenfinsternissen mit Planetenangaben [siehe Stephenson 1997] zum Ziel:

Die erste ereignete sich laut offizieller Geschichte am 14. 3. 190 v. Chr. Der Text auf der Keilschrifttafel lautet:

"Jahr 121 (SE), König An[tiochus] Monat XII 29 Sonnenfinsternis auf der Nordwestseite beginnend. In 15 Grad Tag [...] wurde über ein Drittel der Scheibe verfinstert. Als es hell zu werden begann, wurde es in 15 Grad Tageslänge von Nordwesten nach Osten hell. 30 Grad Gesamtdauer. [Während dieser Finsternis] ging Ost (-Wind). Während dieser Finsternis [...] Venus, Merkur und Saturn [standen dort]. Gegen Ende des Hellwerdens ging Mars auf (?) Die anderen Planeten standen nicht da. (Begann) bei 30 Grad (=1) ber nach Sonnenaufgang." [Stephenson 1997, S. 135]

Die Alternativdatierung des Autors liegt 1135 Jahre minus 8 Tage später, am 6. 3. 946. Dies ist die gleiche zeitliche Differenz wie bei der Sonnenfinsternis am 15. 4. 136 v. Chr. = 7. 4. 1000.

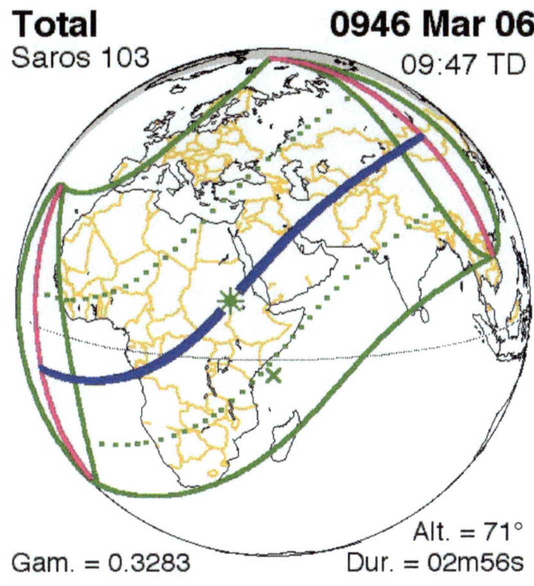

Abb. 146: Die Sonnenfinsternis am 6. 3. 946. Dies ist die SoFi, deren Bericht auf der Keilschrifttafel von der offiziellen Geschichte irrtümlich dem 14. 3. 190 v. Chr. zugeordnet wird.

Laut Keilschrifttafel waren die Planeten Venus, Merkur und Saturn sichtbar. Dies entspricht laut alternativer Zuordnung den Planeten Venus (= Venus), Saturn (= Merkur) und Jupiter (= Saturn). Diese befanden sich tatsächlich zur Zeit der Sonnenfinsternis am Tageshimmel.

Außerdem war zur Zeit der Sonnenfinsternis auch der Merkur am Tageshimmel. Die Sonnenfinsternis war aber in Babylon laut Bericht nicht total, so dass der lichtschwache Merkur, der sich nahe der Sonne befand, wahrscheinlich nicht sichtbar war.

Oder: Im teilweise lückenhaften Text steht das […] vor der Venus für den Merkur (den die offizielle Geschichte als Jupiter interpretieren würde).

Grafik 26: Die Sichtbarkeit der Planeten Venus, Saturn und Jupiter sowie vielleicht Merkur während der totalen Sonnenfinsternis am 6. 3. 946. Mars war gerade untergegangen.

Die Beobachtung (oder interpretierende Übersetzung) *"Gegen Ende des Hellwerdens ging Mars auf (?)"* stimmt so nicht, weder nach Datierung der offiziellen Geschichte noch nach Alternativdatierung. Sowohl am 14. 3. 190 v. Chr. als auch am 6. 3. 946 ging der Mars kurz vor Beginn der Sonnenfinsternis unter. Hier scheint entweder ein Übersetzungsfehler vorzuliegen oder derjenige, der Text verfasst hat, hat sich verschrieben.

Einen weiteren Keilschrifttext mit einem Sonnenfinsternis-Bericht, der eine Planetenbeobachtung einschließt, datiert die offizielle Geschichte auf den 30. 1. 281 v. Chr.

"Jahr 30 (SE), Könige Seleukos und Antiochus ... (Monat X) ... Der 29., [Sonnen-] Finsternis; als die Sonne herauskam (d. h. aufging), waren 2 Finger auf der Südseite verdeckt; bei 6 Grad Tageszeit Beginn und Aufklärung; während ihrer Finsternis wehte der Nordwind, der schräg auf die [...]; während seiner Finsternis Mars, Venus ..." [Stephenson 1997, S. 133]

Der Monat *(Monat X)* ist nicht auf der Keilschrifttafel enthalten, sondern wurde vom Übersetzer der Keilschrifttafel eingefügt. Stephenson stellt das so dar, als wenn solche Einfügungen normal wären:

"Obwohl der Monat fehlt, kann er anhand der häufigen Mond- und Planetendaten leicht wiederhergestellt werden."
[Stephenson 1997, S. 133]

Die Ära (SE = Seleukiden-Ära) fehlt auch und wurde ebenfalls vom Übersetzer eingefügt. Nach Stephenson erfolgte die Bestimmung über die Königslisten (*"Könige Seleukos und Antiochus"*).

Was da konkret schief laufen kann, wurde im Kapitel über Claudius Ptolemäus ausführlich beschrieben.

Die Alternativdatierung des Autors liegt 1121 Jahre später
(eine Differenz wie bei den griechischen Finsternissen), am 18.
10. 841.

Der Grad der Bedeckung liegt bei der Zuordnung der offiziellen Geschichte am 30. 1. 281 v. Chr. knapp über 20 %. Am 18.
10. 841 war die Bedeckung etwas größer.

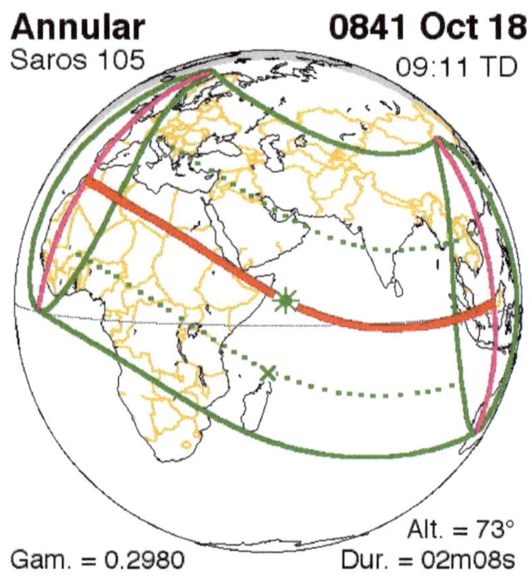

**Abb. 147: Die Sonnenfinsternis am 18. 10. 841. Dies ist die SoFi, deren Bericht auf
der Keilschrifttafel von der offiziellen Geschichte irrtümlich dem 30. 1. 281 v. Chr.
zugeordnet wird.**

Während der Sonnenfinsternis am 18. 10. 841 waren Venus
und Mars am Tageshimmel, so dass der Finsternis-Bericht auf
der Keilschrifttafel bestätigt wird.

Weitere babylonische Sonnenfinsternisse

Ereignis	Rückrechnung	Alternative Datierung	Differenz in Jahren
SoFi	11. 4. -368	12. 4. 758	1126
SoFi	26. 9. -321	14. 5. 812	1133
SoFi	31. 1. -253	2. 2. 892	1145
SoFi	4. 5. -248	8. 8. 891	1139
SoFi	28. 11. -240	20. 11. 895 2. 2. 892	1135 1132
SoFi	6. 6. -194	19. 7. 939	1133
SoFi	28. 7. -169	20. 7. 966 10. 7. 967	1135 1136
SoFi	17. 5. -165	10. 7. 967	1132

Tabelle 12: Weitere babylonische Sonnenfinsternisse

Es gibt auch eine große Anzahl von Mondfinsternis-Berichten auf Keilschrifttafeln. Da aber Mondfinsternisse wesentlich häufiger auftreten als Sonnenfinsternisse, haben diese für den Zweck der Überprüfung der Chronologie keine so große Bedeutung. Man findet fast immer eine passende. Und was nicht passt, wird passend gemacht. Siehe auch im einleitenden Kapitel "Der überraschende Fund der babylonischen Keilschrifttafeln" die Details zur Mondfinsternis vom 9. April 731 v. Chr.

*"[Artaxerxes II, Jahr 35, Monat XII, Ende ... Sonnenfinsternis ...].
In 6 Grad Tageszeit war 1/3 der Scheibe bedeckt ... [...]. Zu dieser
Zeit war Jupiter in Löwe [... bis] zum 7. Tag des Monats 1 des Jahres
36, der Flusspegel [...] 2 Ellen 8 Finger."*

[Stephenson 1997, S. 138]

Die Sonnenfinsternis am 12. 4. 758 passt. Der Bedeckungsgrad
war in Babylon ca. 1/3. In der Nacht befand sich Jupiter im
Sternbild Löwe.

Event	Date	Time (UT)	Alt	Azi
Start of partial eclipse (C1) :	0758/04/12	14:52:26.2	06.0°	278.0°
Maximum eclipse :	0758/04/12	15:41:00.4*	-04.1°	284.4°
End of partial eclipse (C4) :	0758/04/12	16:26:17.8*	-13.3°	290.7°

Die anderen Texte der Keilschrifttafeln haben ähnlich triviale
und lückenhafte Inhalte, die von "Übersetzern" gefüllt werden. Nachlesen kann man sie z. B. bei [Stephenson 1997, S.
128-142].

Nachwort

Mit Hilfe der Astronomie ist der Autor inzwischen in der Lage, ein Modell zu präsentieren, dass eine abweichende Chronologie ermöglicht, wobei die Übereinstimmung mit den Überlieferungen praktisch genauso gut ist wie bei der offiziellen Chronologie, teilweise sogar besser.

Es bleibt allerdings offen, ob es sich bei den genannten Finsternissen um

1)   tatsächliche, aber in der offiziellen Geschichte nur falsch datierte Finsternis-Berichte handelt, oder

2)   Rückrechnungen aus späterer Zeit.

Mein Modell stimmt besser mit der Wissenschaftsgeschichte überein, da es die antiken Griechen ins Mittelalter versetzt, zusammen mit den Arabern (z. B. Alexander der Große wird König: 801 n. Chr., Tod: 814 n. Chr., Seleukidenära: 825 n. Chr.).

Es lässt sich damit eine Chronologie erstellen, in der die Kontinuität der Entwicklung sichtbar wird, und die seltsamen Brüche und Lücken der offiziellen Geschichte verschwinden bzw. eine einfache Erklärung finden.

Der Holprigkeit der offiziellen Geschichte und dem Katastrophismus setze ich den Kontinuitätsgedanken entgegen.

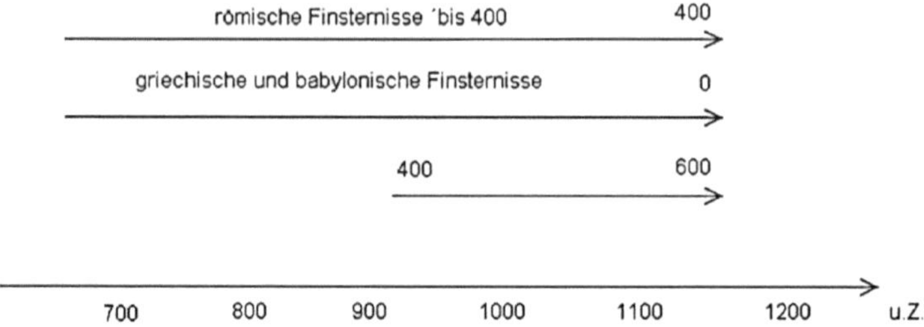

Grafik 27: Die schematische Einordnung der Finsternisse und der mit ihnen verknüpften Ereignisse in der Chronologie. Ganz unten zeigt der Zeitstrahl unsere Zeitrechnung n. Chr. Die oberen Pfeile sind mit den Jahreszahlen beschriftet, die den entsprechenden Finsternissen derzeit nach offizieller Geschichte zugeordnet werden.

Abbildungsverzeichnis

Alle Grafiken und Tabellen im Buch wurden vom Autor dieses Buches erstellt.

Die Abbildungen zu den einzelnen Sonnen- und Mondfinsternissen stammen von der Website http://eclipse.gsfc.nasa.gov und sind gemeinfrei (Public Domain).

Alle anderen Abbildungen im Buch ohne Angaben zum Autor sind gemeinfrei (Public Domain) und stammen aus wikipedia.

Abb. 32: ΔT im Zeitraum 1657 bis 2018
Autor: Musashiaharon, Lizenz: (CC BY-SA 4.0)
Quelle: https://de.wikipedia.org/wiki/Datei:Delta_t.svg

Abb. 83: Leuchtturm von Alexandria
Autor: Emad Victor SHENOUDA
Quelle: https://commons.wikimedia.org/wiki/File:PHAROS2006.jpg

Abb. 85: Abfolge von Monddaten nach 700 und 784 Jahren
Moon Phases Table courtesy of Fred Espenak
Quelle: http://astropixels.com/ephemeris/phasescat/phasescat.html

Abb. 86: Temperaturanomalien der letzten 2000 Jahre
Autor: DeWikiMan, Lizenz: CC BY-SA 4.0, Quelle:
https://de.wikipedia.org/wiki/Datei:Temp_anomalies_2000yrs_pages 2k-de.svg

Abb. 142: Wochentags-Heptagramm
Autor: It Is Me Here, Lizenz: CC BY-SA 3.0
Quelle: https://commons.wikimedia.org/wiki/File:Weekday_heptagram.ant.png

Literaturverzeichnis

Arndt, Mario (2010): Lupus Protospatharius Barensis und ein Versuch der Rekonstruktion der Chronologie: http://de.geschichte-chronologie.de/index.php?
option=com_content&view=article&id=116:lupus-protospatharius-barensis-und-ein-versuch-der-rekonstruktion-der-chronologie&catid=4:2008-11-13-21-59-32&Itemid=92

Arndt, Mario (2012): Das wohlstrukturierte Mittelalter; Norderstedt

Arndt, Mario (2015): Die wohlstrukturierte Geschichte; Norderstedt

Arndt, Mario (2020): Die wohlkonstruierte Chronologie; Norderstedt

Boll, Franz (1970): Hebdomas in: Wilhelm Kroll: Paulys Realencyklopädie der classischen Altertumswissenschaft, Band. 7.2; Stuttgart

Davidson, R. (2002): Der Zivilisationsprozeß; Hamburg

Demandt, Alexander (1970): Verformungstendenzen in der Überlieferung antiker Sonnen- und Mondfinsternisee in: Abhandlungen der geistes- und sozialwissenschaftlichen Klasse Nr. 7; Mainz

Fomenko, Anatoli (2003-2006): History: Fiction or Science, Paris/London/New York

Fuhrmann, Horst (1988): MGH, Band 33.I., Fälschungen im Mittelalter, Teil I

Gabowitsch, E. (2007): Erfundene Antike Teil 1: http://de.geschichte-chronologie.de/index.php?
option=com_content&view=article&id=71:erfundene-antike-teil-1&catid=29:2008-11-15-18-07-02&Itemid=115

Gabowitsch, Eugen (2011): Chinesische Astronomie contra chinesische Geschichts-schreibung: http://de.geschichte-chronologie.de/index.php?
option=com_content&view=article&id=122:chinesische-astronomie-contra-chinesische-geschichtsschreibung&catid=21:2008-11-15-18-03-39&Itemid=107

Gauss, Carl Friedrich (2011): Astronomische Antrittsvorlesung in: Werke Band 12; Cambridge

Gautschy, Rita: Eclipsecitations,
http://www.gautschy.ch/~rita/archast/solec/eclipsecitations.pdf

Ginzel, Friedrich Karl (1906-1914): Handbuch der mathematischen und technischen Chronologie (3 Bände); Leipzig

Herrmann, Dieter (2000):Nochmals: Gab es eine Phantomzeit in unserer Geschichte?. In: Beiträge zur Astronomiegeschichte 3. 2000, S. 211–214

Herzmann, E. (2004): Geheimnisse der Geschichte der alten Musik; St.-Petersburg, 2004; (Russisch)

Hunger, Hermann und Sachs, Abraham J. (1996): Astronomical diaries and related texts from Babylonia, Vol. II. ; Wien

Hunnivari, Zoltan: Revolution in der Chronologie;
http://www.hungariancalendar.eu/revolution.pdf

Ideler, Ludwig (1825/26): Handbuch der mathematischen und technischen Chronologie (2 Bände); Berlin

Johnson, Edwin (1894): The Pauline Epistles

Johnson, Edwin (1904): The Rise of English Culture

Korth, Hans-Erdmann (2007): Starkes Unverständnis,
http://www.fantomzeit.de/?p=187

Korth, H.-E. (2011) = http://www.jahr1000wen.de/jtw/Eklipsen-Hist.html

Korth, Hans-Erdmann (2013): Der größte Irrtum der Weltgeschichte,
Leipzig; http://www.jahr1000wen.de/jtw/Eklipsen-Hist.html

Krojer, Franz (2003): Die Präzision der Präzession; München

Kugler, Franz Xaver (1907): Sternkunde und Sterndienst in Babel,
Band 1: Entwickelung der babylonischen Planetenkunde von ihren
Anfängen bis auf Christus; Münster

Morrison, L. und Stephenson, F. R. (2004): Historical Values of the
Earth's Clock Error Delta T and the Calculation of Eclipses in: J. Hist.
Astron., Vol. 35 Part 3, August 2004, No. 120, S. 327-336

NASA (2014): NASA Eclipse Website,
http://eclipse.gsfc.nasa.gov/eclipse.html

Nature (2011): A draft genome of Yersinia pestis from victims of the
Black Death, Nature 478, 506–510 (27 October 2011):
http://www.nature.com/nature/journal/v478/n7370/full/nature10549.
html

Neugebauer, Otto E. (1975): History of Ancient Mathematical Astronomy; Berlin

Neukom, R., Barboza, L.A., Erb, M.P. et al. (2019): Consistent
multidecadal variability in global temperature reconstructions and
simulations over the Common Era, Nat. Geosci. 12, 643–649

Newton, Robert R. (1970): Ancient Astronomical Observations and
the Accelerations of the Earth and Moon; Baltimore/London

Newton, Robert R. (1972): Medieval Chronicles and the Acceleration
of the Earth; Baltimore/London

Newton, Robert R. (1977): The Crime of Claudius Ptolemy; Baltimore/London

Oppolzer, Theodor (1887): Canon der Finsternisse; Wien

Phys. Anthropol. (2005): Detection of Yersinia pestis DNA in two early medieval skeletal finds from Aschheim (Upper Bavaria, 6th century A.D.), Am J Phys Anthropol. 2005 Jan;126(1):48-55: http://www.ncbi.nlm.nih.gov/pubmed/15386257

Popper, Karl R. (1935): Die Logik der Forschung; Wien

Schmidt (2020): https://groups.google.com/group/de.sci.astronomie/msg/32118a406-cad2ba3?hl=de

Starke, Ronald (2011): Astronomiegeschichte contra Chronologiekritik. Die Widerlegung der Phantomzeittheorie; http://wwwm.htwk-leipzig.de/~m6bast/rvlwissenschaft/110413vierteRIVLstarkePhantomzeitkritik.pdf

Starke, Ronald (2013): Niemand hat an der Uhr gedreht!; München; http://www.differenz-verlag.de/starke-illig/BuchNeu2013Mai21.pdf

Stephenson, F. Richard (1997): Historical Eclipses and Earth's Rotation; Cambridge

Unzicker, Alexander (2010): Vom Urknall zum Durchknall. Die absurde Jagd nach der Weltformel; Heidelberg

Vollemaere, A.L. (2012): Apocalypse Maya 2012 (Foutaise ou science?); (Franz.)